工学结合·基于工作过程导向的项目化创新系列教材
国家示范性高等职业教育土建类"十二五"规划教材

建筑识图与构造实训

JIANZHU SHITU YU GOUZAO SHIXUN

（第2版）

>>> 主　编　盛　平　王延该
>>> 副主编　刘　冰　潘　峰

华中科技大学出版社
http://www.hustp.com
中国·武汉

内容提要

本书作为《建筑识图与构造(第 2 版)》(《题本、王延桥主编)配套的实训图册,其内容主要与教材中的建筑构造工程图、建筑电气施工图、给排水施工图、建筑装饰施工图等有相应配套而分门别类。

本书由题本、王延桥担任主编,刘冰、谭婷婷担任副主编。编写过程中参阅、借鉴了相关的规范和标准图集,全面、直观有效地帮助读者理解施工图、绘制施工图内容。可作为高等院校师生用书及图纸资料,也可作为建筑工程技术人员和土建专业高等院校师生的参考用书。

图书在版编目(CIP)数据

建筑识图与构造实训(第 2 版)/题本,王延桥主编.—武汉:华中科技大学出版社,2013.8

ISBN 978-7-5609-8152-9

Ⅰ.建… Ⅱ.①题… ②王… Ⅲ.①建筑制图-识别 ②建筑构造 Ⅳ.①TU204 ②TU22

中国版本图书馆 CIP 数据核字(2012)第 131532 号

建筑识图与构造实训(第 2 版)

题 本 王延桥 主编

| 策划编辑:张 毅 |
| 责任编辑:张 毅 |
| 封面设计:李 嵘 |
| 责任校对:朱 玢 |
| 责任监印:张正林 |

出版发行:华中科技大学出版社(中国·武汉)
武昌喻家山　邮编:430074　电话:(027)81321915

录 排:湖北省莲沼珂华印务有限公司
印 刷:仙桃市楚天印务有限公司

开 本:787mm×1092mm　1/8
印 张:10
字 数:300 千字
版 次:2017 年 9 月第 2 版第 2 次印刷
定 价:20.00 元

本书若有印装质量问题,请向出版社营销中心调换
全国免费服务热线:400-6679-118　竭诚为您服务
版权所有　侵权必究

目　录

建筑设计施工图 ··(01～13)

电气设计施工图 ··(14～23)

给排水设计施工图 ···(24～27)

结构设计施工图 ··(28～38)

建筑设计施工说明

一、设计依据
1. ****市建设局审批的方案图。
2. 甲、乙双方签订的设计合同。
3. 甲方提供的设计委托书。
4. 国家现行的有关规范、规程和图集：
   《住宅建筑规范》(GB 50368-2005)
   《住宅设计规范》(GB 50096-2011)
   《民用建筑设计通则》(GB 50352-2005)
   《建筑抗震设计规范(附条文说明)》(GB 50011-2010)
   《民用建筑工程室内环境污染控制规范》(GB 50325-2010)
   《建筑玻璃应用技术规程》(JGJ 113-2009)
   《民用建筑热工设计规范》(GB 50176-1993)
   《建筑设计防火规范》(GB 50016-2006)
   《夏热冬冷地区居住建筑节能设计标准》(JGJ 134-2010)
   《中南地区建筑标准设计建筑图集》(2005)

二、工程设计概况
1. 工程名称：*****物资有限公司住宅楼。
2. 建设地点：****市环城南路。
3. 建筑等级：建筑物安全等级为二级，设计使用年限为50年。
4. 耐火等级：设计耐火等级为三级。
5. 抗震烈度：根据国家地震烈度区划****市设防烈度，本工程设计按地震烈度6度设防。
6. 结构类型：本工程为砌体结构。
7. 建筑高度：建筑总高19.550 m。
8. 建筑层数：共7层，一层层高1.7 m，标准层层高为2.9 m。
9. 建筑面积：总建筑面积1857.51 ㎡。
10. 建筑抗震类别为丙类。
11. 建筑气候分区：夏热冬冷地区。

三、建筑标高
1. 室内设计标高±0.000相当于****地质勘查报告中的标高***m，室内外高差为0.450 m。
2. 图纸尺寸：标高以 m 为单位，其余均以 mm 为单位。
3. 楼面标高取至去装饰面，屋面标高取至结构板面。

四、墙体
1. 墙体基础部分详见结施图，本工程墙体材料为页岩砖，除注明120 mm厚外，其他未注明的均为240 mm厚。
2. 承重墙砌体做法详见结施图。
3. 砌体墙留槽详见建施图和建筑设备图。

五、节能设计
节能设计详见建筑节能设计做法一览表。

六、防潮层设计
1. 墙身水平防潮：在墙身-0.060 m标高处做20 mm厚1:3水泥砂浆防潮层（按水泥用量的5%加防水剂）。
2. 本工程上人屋面方案一，Ⅱ级防水，不上人屋面方案二，Ⅲ级防水。
3. 楼面防水：本工程厨房和卫生间楼面应重点防水部位，采用现浇钢筋混凝土楼板，四周做高150 mm的防水层，防水卷边（与板同时浇筑，做法详见建施图）卫生间在板面做一毡二油卷材防水层，试水后方可做下道工序。

七、室内外装饰装修
(一) 室外装饰装修
1. 室外墙面油漆颜色见效果图，做法详见立面索引。
2. 室外墙面色带为100 mm的外墙漆，颜色见效果图，详见建筑节能设计做法一览表。
3. 室外散水宽度800 mm，做法详见11ZJ901 ⊕。

(二) 室内装饰装修
详见室内装修表。

(三) 油漆工程
1. 木材面油漆：本工程略。
2. 金属面油漆：金属面均做防锈漆一道，金属管道面做银粉漆两道（不锈钢栏杆除外）。做法详见05ZJ001涂12。
3. 水泥面油漆：本工程略。
4. 埋入混凝土内或砌体内木构件均需刷防腐油漆。

八、抗震构造
1. 构造柱上墙连接处应砌成马牙槎，并沿沿墙高每隔500 mm设2φ6拉结钢筋，每边伸入墙内不宜小于1 m。
2. 女儿墙高不大于500 mm的设构造柱@3000 mm，做法详见05ZJ201，宽度不小于1500 mm的窗均做钢筋混凝土窗台，详见建施 ⊕。
3. 内、外墙不同材料处在分部砌筑层中部加设玻璃纤维布网，且在粉刷砂浆中加玻璃纤维网，每边150 mm。

九、门窗安装的一般要求
1. 门窗的立面形式、数量、尺寸、颜色、开启方式、型材、玻璃等详见门窗表及立面示意图。
2. 外窗宜外设计时，不宜采用可见光透射率低于60%的着色镀膜玻璃。
3. 外窗及阳台门的气密性等级不应低于国家标准《建筑外门窗气密、水密、抗风压性能分级及检测方法》(GB/T 7106-2008) 规定的四级外门的空气渗透性能及雨水渗透性能，不应低于《建筑外门窗气密、水密、抗风压性能分级及检测方法》(GB/T 7106-2008) 规定的Ⅱ级标准。
4. 门窗型材的规格尺寸及玻璃（或木材、金属板）的厚度应由具有设计资质的专业公司经过计算确定并对其安全质量负责，二次设计须经建筑设计单位审查确定方可施工。
5. 门窗工程：所有门窗宜以装饰性安装，注明者除外。
6. 凡推拉窗均应加设窗扇防脱落限位装置。
7. 玻璃门窗的设计、制作和安装应符合《建筑玻璃应用技术规程》(JGJ 113-2009)。
8. 所安装的门窗防漏尺以上要求外，还需满足节能设计中门窗节能系数。

十、排水设计
1. 平屋面采用有组织排水，雨水管均采用φ110 mm PVC成品雨水管，雨水管及其配套配件安装详见平面索引。
2. 屋面天沟、泛水雨水口、穿通屋面板处和屋顶出部位的连接处，均做与屋面防水材料相同的防水层。
3. 凸出建筑外所有挑出构件，线条，均应做滴水线，滴水线做法靠宽≥10～15 mm圆弧槽，应向外的1%的排水坡。
4. 建筑物四周做散水，与结构交接留伸缩缝，每20-30 m做一道伸缩缝，缝宽30 mm，油膏嵌填密实。

十一、环保设计
1. 环境保护及污染防治设施应与主体工程同时设计，同时施工，同时使用。
2. 非无机建筑材料均为A类，要有检测报告，非金属无机材料为A类，要有检测报告。
3. 使用材料应符合规定标准：氡浓度不大于200 Bq/m³，氨浓度不大于0.2 mg/m³，游离甲醛浓度不大于0.08 mg/m³，苯浓度不大于0.09 mg/m³，TVOC浓度不大于0.5 mg/m³。
4. 本工程所用无机非金属建筑主体材料放射性限量指标：内照射指数不大于1.0，外照射指数不大于1.0，所用无机非金属装饰材料放射性指标限量：内照射指数不大于1.0，外照射指数不大于1.3，所用人造板材所用木板人造板，游离甲醛含量及释放限量E1类，所采用内墙涂料水质材料，严禁采用沥青、煤焦油类防腐防潮处理材料，所用水性涂料挥发性有机化合物不大于0.1%，混凝土外加剂不大于0.1%，氨释放量不应大于0.1%。
5. 本工程应对场地氡土壤浓度或土壤表面氡析出率进行调查，并提供相应的检测报告，若土壤氡浓度不大于20000 Bq/m³，土壤表面氡析出率不大于0.05 Bq/(m²·s)，可采取防氡措施。若土壤氡浓度或土壤表面氡析出率不符合上述要求，则应依据《民用建筑工程室内环境污染控制规范》(GB 50325-2010) 中的4.2.4, 4.2.5, 4.2.6条文规定采取防氡工程措施。
6. 本设计采用无能耗化粪池。
7. 二次装修所用材料应采用人体健康无毒无害的环保型材料，同时符合《民用建筑工程室内环境污染控制规范》(GB 50325-2010)。

十二、其他
1. 屋面天沟、泛水雨水口、穿通屋面板处和屋顶出部位的连接处，均增做一层屋面防水。
2. 所有外墙脚手架孔洞应封堵严实，双面钉罩玻纤布再行粉刷。
3. 室内严禁布置储存和使用汽大灾易燃性甲、乙类物品，并不应布置产生噪声、振动和污染环境卫生的商店、车间和娱乐设施。

4. 楼梯栏杆的高度按900 mm施工，栏杆腹杆净距不大于110 mm，水平段大于500 mm时按1050 mm施工。
5. 所有管道穿墙或穿楼板的孔洞必须用石棉水泥砂浆或石棉细石混凝土填塞密实以达到防火要求，管井每层安装完毕后应封严实。
6. 安装卫生间时，在下部底面留出不小于20 mm的缝隙。
7. 楼梯出入口处应设成品出入口处。
8. 路步护角做法（路步路面相交时可不做护角）。
9. 外墙贴面砖处墙体入口设雨蓬外，其他地面均须做硬化隔离带，以防面砖脱落伤人。
10. 阳台栏杆高度为1050 mm。
11. 阳台、卫生间、厨房应低于楼面20 mm。
12. 楼梯栏杆选用11ZJ401 ⊕，扶手选用05ZJ401 ⊕，起步选用05ZJ401 ⊕，防滑选用05ZJ401 ⊕。
13. 民用建筑工程中所有使用的木地板及其他木质材料，严禁采用沥青类防腐防潮处理封闭。
14. 凡说明未尽之处，按国家现行施工规范、规程要求施工。
15. 图纸中"H"表示本层楼地面建筑标高。

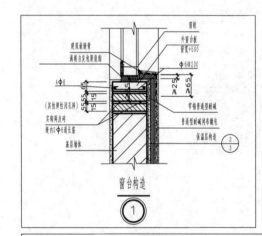

窗台构造 ①

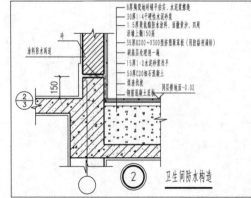

卫生间防水构造 ②

建筑设计施工图

建筑节能设计做法一览表

围护结构项目	做法	厚度/mm	传热系数K /[W/(m²·K)]	热惰性系数D
屋面一 (上人) (II级防水) 07EJ101 ④屋1	8~10 mm厚地砖铺平拍实，缝宽5~8 mm，1：1水泥砂浆填缝	8~10	0.629	3.16
	25 mm厚1：4干硬性水泥砂浆面上撒素水泥	25		
	满铺无纺聚酯纤维布一层(隔离层)			
	干铺35 mm厚挤塑聚苯板	35		
	建筑胶水泥腻子找平(隔离及调平层)			
	1.2 mm厚N类聚氯乙烯(或其他合成高分子)防水卷材	1.2		
	2 mm厚聚氨酯防水涂料	2		
	刷基层处理剂一遍			
	20 mm厚1：2.5水泥砂浆找平层	20		
	20 mm厚(最薄处)乳化沥青膨胀岩珠找2%坡	20		
	钢筋混凝土屋面板，表面清扫干净	120		
屋面二 (不上人) (II级防水) 07EJ101 ⑦屋2	100 mm厚粒径10~20 mm砾石隔热保护层		0.661	3.72
	满铺无纺聚酯纤维布一层(隔离层)			
	干铺30 mm厚挤塑聚苯板			
	建筑胶水泥腻子找平(隔离及调平层)			
	两层2 mm厚N类聚氯乙烯(或其他合成高分子)防水卷材			
	刷基层处理剂一遍			
	20 mm厚1：2.5水泥砂浆找平			
	20 mm厚(最薄处)1：8水泥砂浆膨胀岩珠找2%坡，面层刷改性沥青防水涂料			
	钢筋混凝土屋面板			
外墙1、2 (面砖)	240 mm厚页岩砖，墙体表面清理干净	240	0.94	4.02
	聚苯砂浆一遍			
	3 mm厚抗裂抹面砂浆(压入Φ0.9热镀锌钢丝网)，涂抹压光	3		
	30 mm厚QS建筑保温砂浆	30		
	面砖粘结砂浆			
	面砖外墙面，柔性面砖勾缝，胶面层粘结砂浆	8		
外墙3、4 (外墙漆)	240 mm厚页岩砖，墙体表面清理干净	240	1.13	3.32
	聚苯砂浆一遍			
	25 mm厚QS建筑保温砂浆	30		
	3 mm厚抗裂抹面砂浆(压入耐碱网格布)，涂抹压光	3		
	喷涂或滚涂浅色涂料两遍			
楼面	8~10 mm厚地砖铺平拍实(不得空鼓)，水泥砂浆擦缝	8~10	1.07	
	30 mm厚1：4干硬性水泥砂浆(掺水泥用量10%的UEA膨胀剂)	30		
	面撒素水泥			
	20 mm厚X200~X500型挤塑聚苯板，用胶粘剂满贴			
	建筑胶水泥浆一道			
	20 mm厚1：3水泥砂浆找平	20		
	120 mm厚预应力空心板	120		
分户墙	240 mm厚页岩砖，墙体表面清理干净	240	1.41	4.07
	20 mm厚无机活性保温砂浆	20		
	2~3 mm厚A型无机活性保温砂浆，压实收光	2		
	20 mm厚水泥砂浆	20		

	窗墙面积比	传热系数K/规范限值/[W/(m²·K)]	传热系数K/[W/(m²·K)]	遮阳系数SD规范限值	遮阳系数SD	玻璃选用
公共外窗	北向	0.06	≤4.7	4.7	/	/	6中等透光热反射玻璃
	南向	0.03	≤4.7	4.7	/	/	6中等透光热反射玻璃
	西向	0.609	≤4.7	2.5			6低透光反射+12空气+6透明
	东向	0.342	≤3.0	2.8			6透明+12空气+6透明

建筑体积：9267.24 m³　　建筑外表面积：2267.92 m²　　体型系数：0.245

地面	对于直接接触土壤的周边地面(即从外墙内侧算起2 m范围内的地面)采用挤塑聚苯保温地面，构造做法为陶瓷地砖按触土地面详见07EJ101 ⑧地2。

	窗墙面积比	传热系数K/规范限值/[W/(m²·K)]	传热系数K/[W/(m²·K)]	遮阳系数SD规范限值	遮阳系数SD	玻璃选用
住宅外窗	北向	0.05	≤4.7	≤4.7	/	/	6中等透光热反射玻璃
	南向	0.026	≤4.7	≤4.7	/	/	6中等透光热反射玻璃
	西向	0.246	≤3.2	2.8			6低透光热反射+12空气+6透明
	东向	0.197	≤4.7	4.7			6透明+12空气+6透明

门窗表

类型	设计编号	洞口尺寸/mm	数量	图集名称	页次	选用型号	备注
普通门	FDM-1	1000×2100	14				防盗门
	JLM-1	3700×2100	2	参11J930 L30	419	10M-3622	电动卷帘门
	JLM-2	3060×2100	2	参11J930 L30	419	10M-3022	电动卷帘门
	JLM-3	2940×2100	2	参11J930 L30	419	10M-3022	电动卷帘门
	M-1	900×2100	50	11J930 L6	395	6Ma-0921	木门
	M-2	800×2100	36	11J930 L6	395	6Mg-0821	木门
	TLM-1	2100×2100	24	11J930 L9	398	8Md-2121	80系列塑钢推拉门
	TLM-2	1500×2100	12	11J930 L9	398	8Md-1521	80系列塑钢推拉门
	DJM-1	1800×2100	1				对讲防盗门
普通窗	C-1	1500×1700	14	参11J930 L10	399	2C-1518	80系列塑钢推拉窗
	C-2	1200×1700	12	参11J930 L10	399	2C-1218	80系列塑钢推拉窗
	C-3	900×1300	24	参11J930 L10	399	2C-0912	80系列塑钢推拉窗
	C-4	1500×1150	6	参11J930 L10	399	2C-1512	80系列塑钢推拉窗
	C-5	1500×600	4	参11J930 L10	399	2C-1506	80系列塑钢推拉窗
	C-6	1200×600	4	参11J930 L10	399	2C-1206	80系列塑钢推拉窗
	C-7	900×600	4	参11J930 L10	399	2C-0906	80系列塑钢推拉窗
凸窗	TC-1	1800×1700	12				80系列塑钢推拉窗
	TC-2	1500×1700	8				80系列塑钢推拉窗

室内装修表

序号	房间名称	地面	墙面	楼面	顶棚	备注
1	客厅 卧室 餐厅	/	水泥砂浆墙面 11ZJ001 103-B/51	陶瓷地砖楼面 07EJ101 楼9/27	水泥砂浆顶棚 11ZJ001 104/65	
2	厨房	/	釉面砖墙面 11ZJ001 201-T/53	陶瓷地砖厨房楼面 07EJ101 楼9/29	水泥砂浆顶棚 11ZJ001 104/65	
3	卫生间	/	釉面砖墙面 11ZJ001 201-T/53	详见建施 2 卫-8	水泥砂浆顶棚 11ZJ001 104/65	
4	楼梯间	水泥砂浆地面 11ZJ001f 地101/18	水泥砂浆墙面 11ZJ001 103-B/51	水泥砂浆楼面 11ZJ001 地101/18	水泥砂浆顶棚 11ZJ001 104/65	
5	车库/车棚	细石混凝土地面 11ZJ001f 地15/18	水泥砂浆墙面 11ZJ001 103-B/51	/	水泥砂浆顶棚 11ZJ001 104/65	

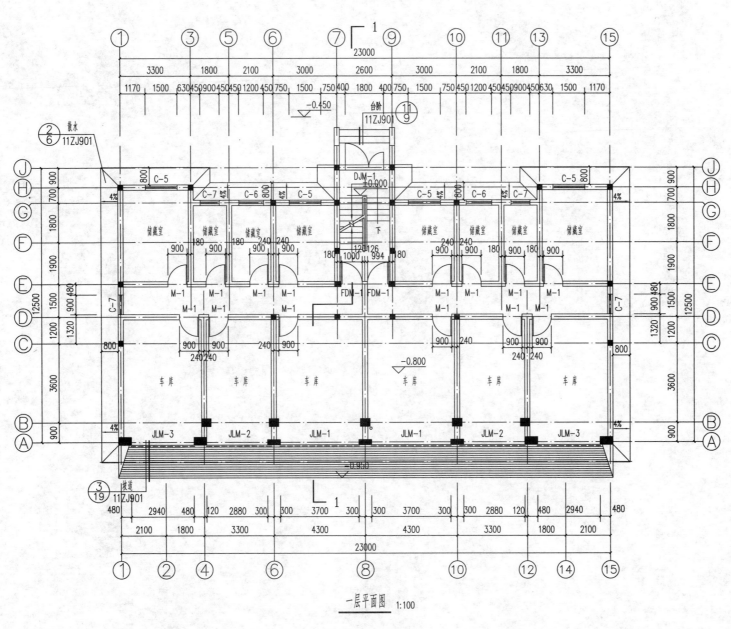

一层平面图 1:100

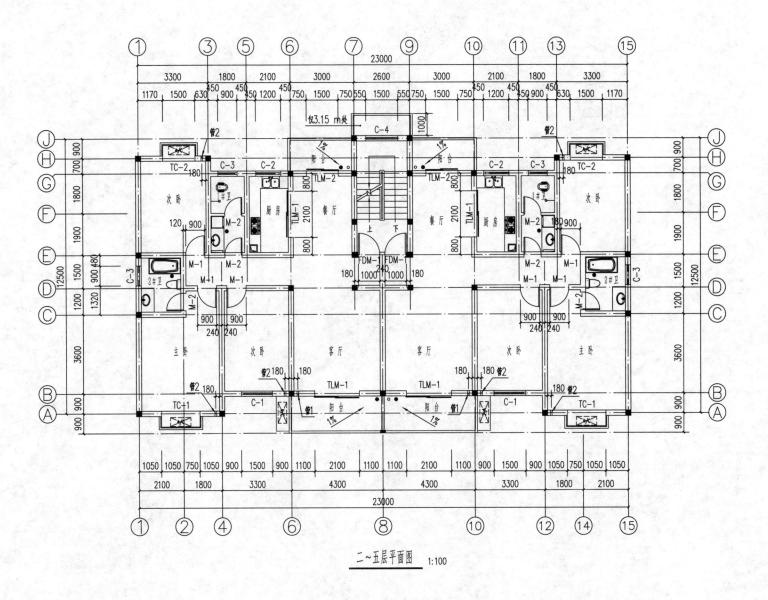

二~五层平面图 1:100

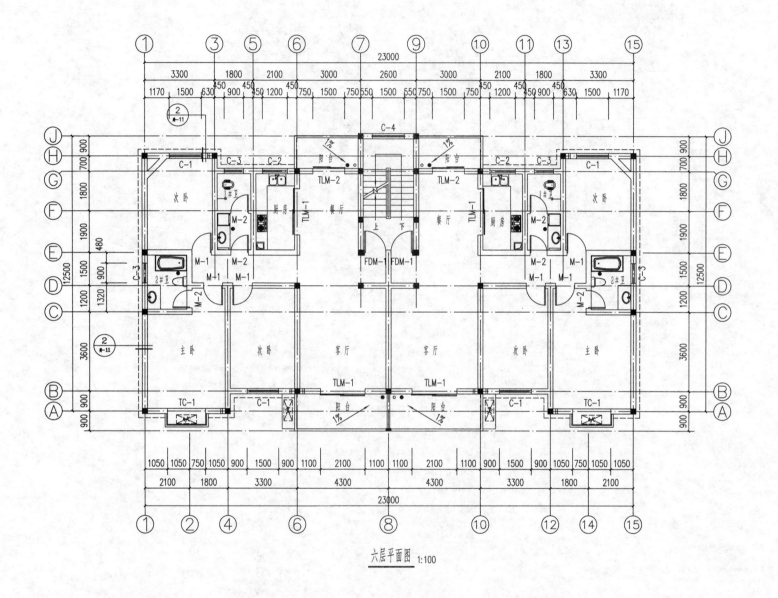

六层平面图 1:100

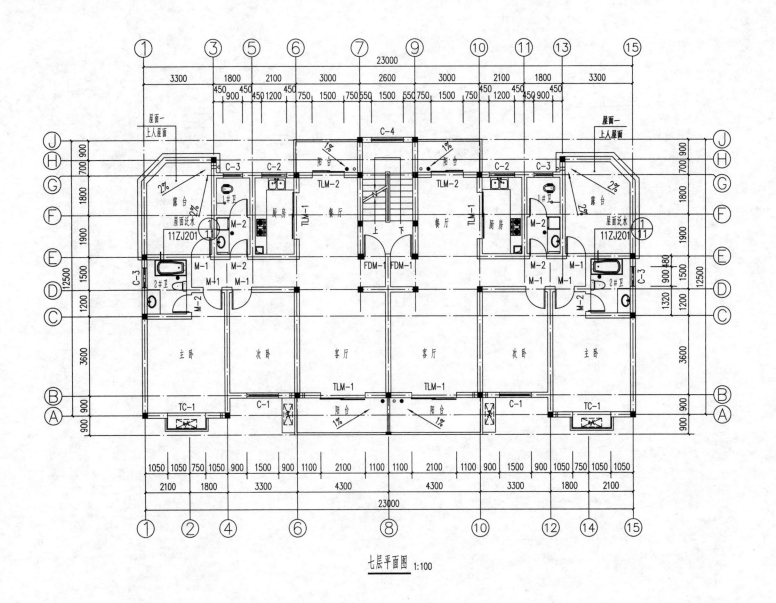

七层平面图 1:100

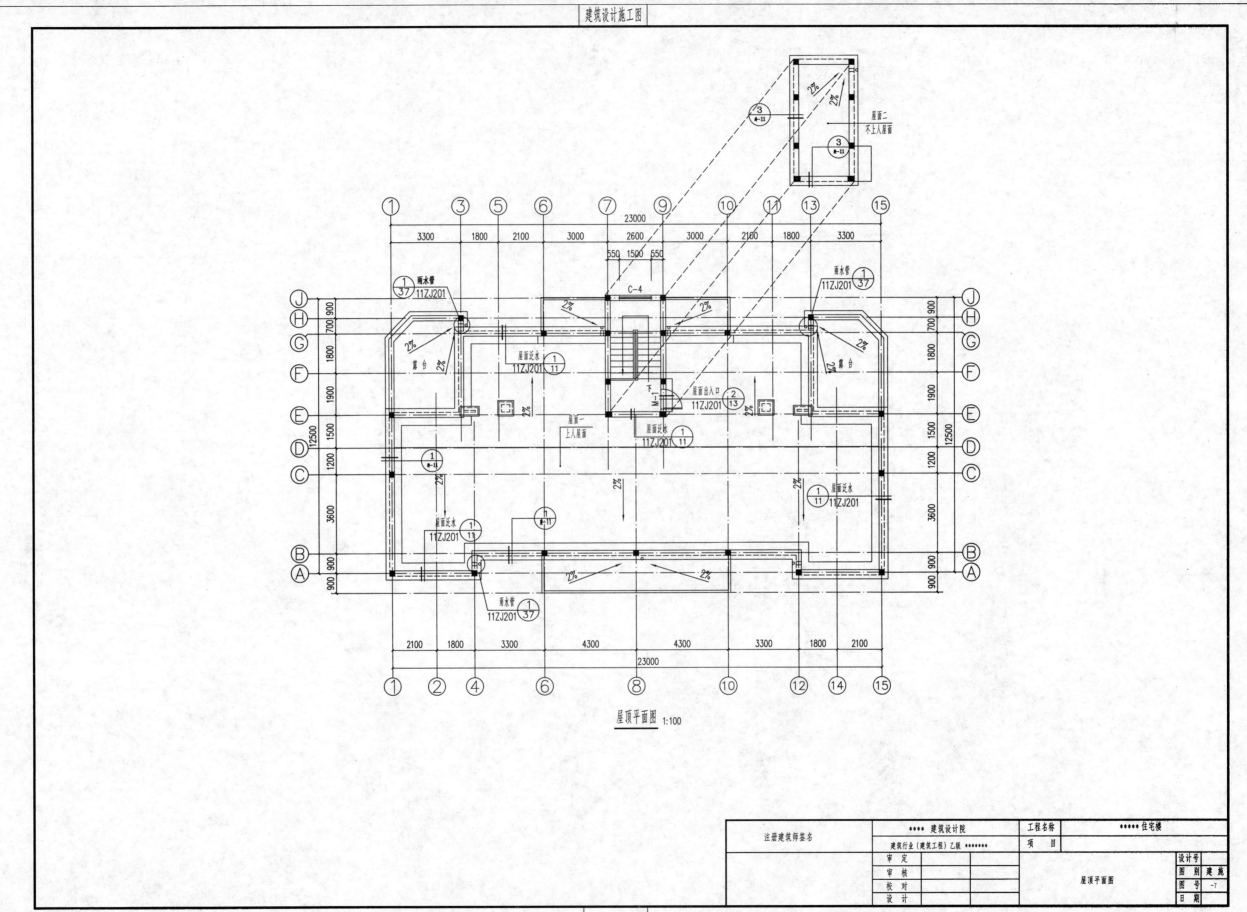

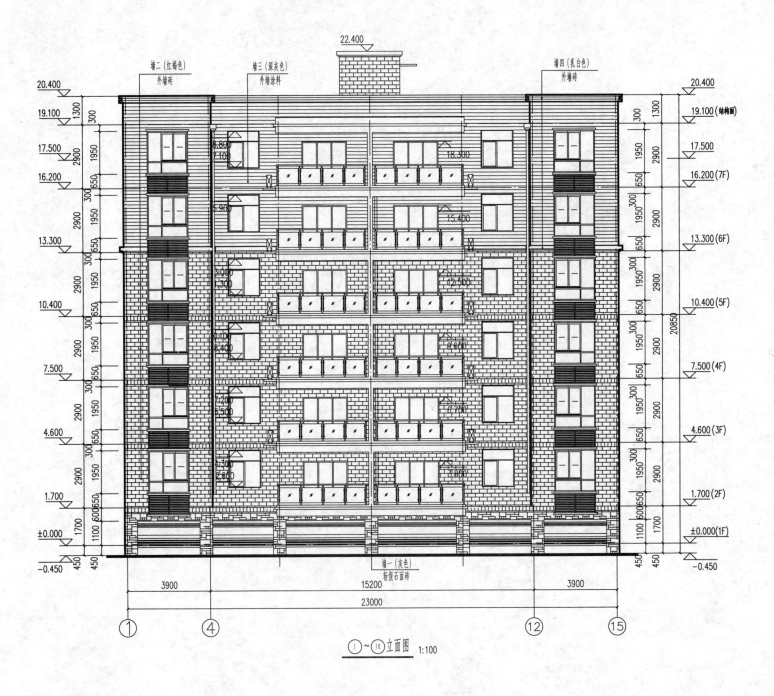

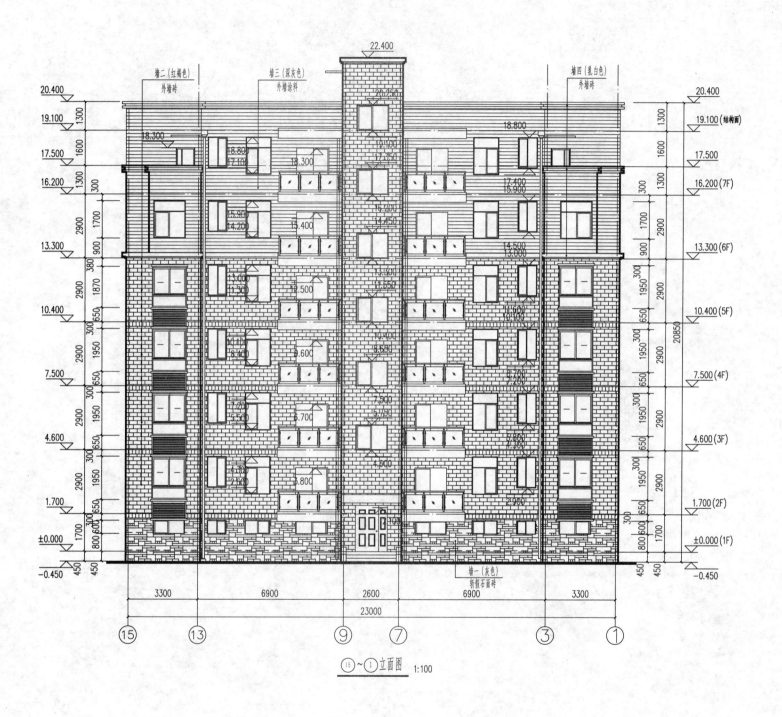

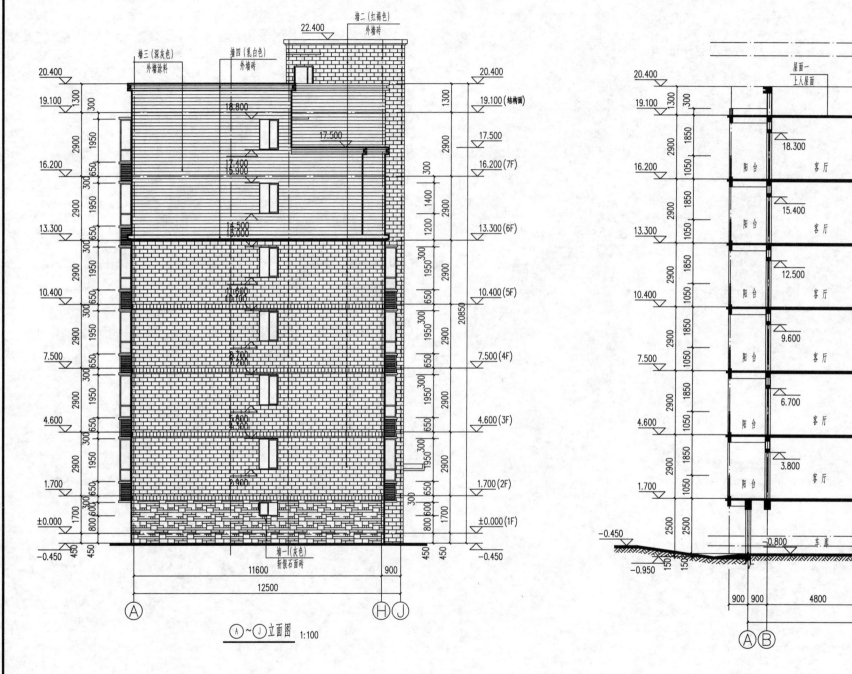
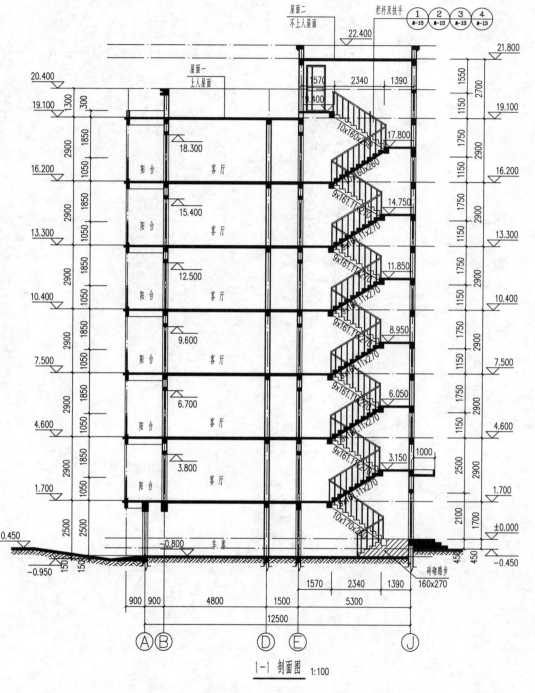

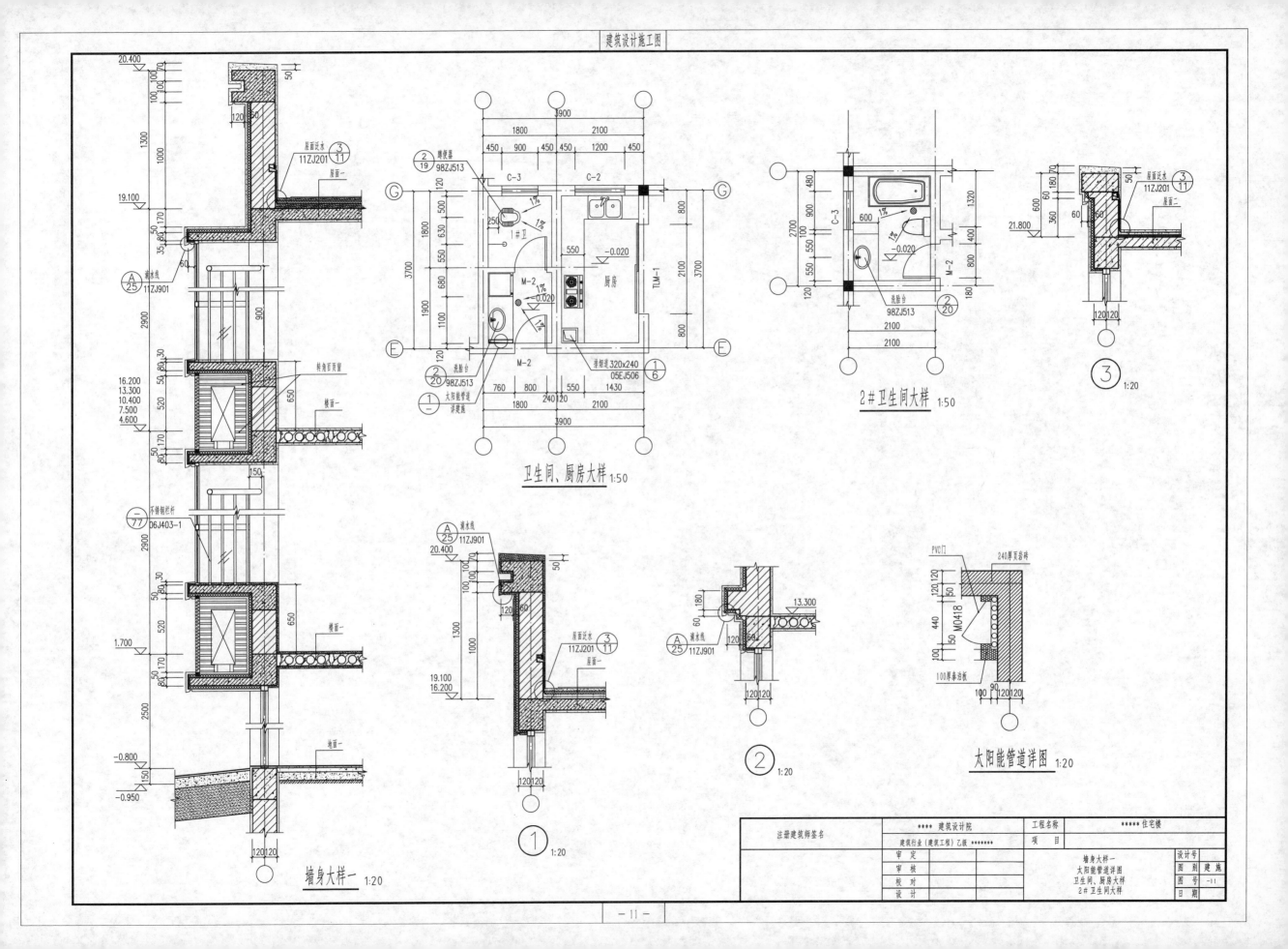

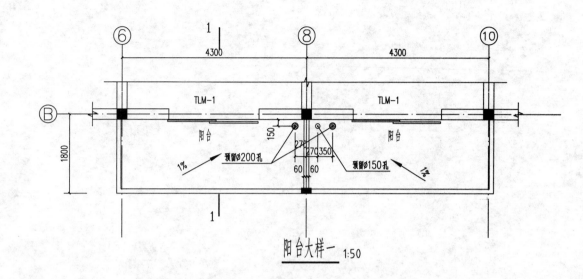
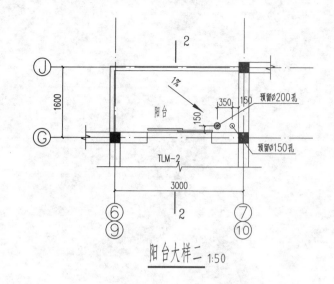

阳台大样一 1:50

阳台大样二 1:50

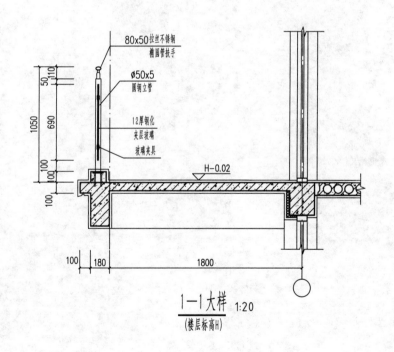
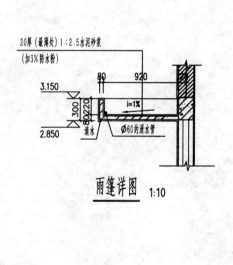
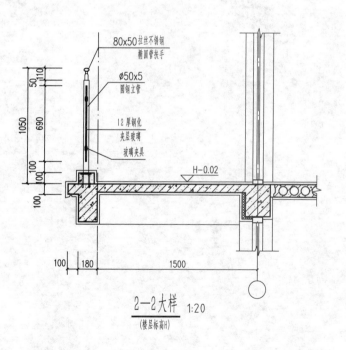

1-1大样 1:20
(楼层标高H)

雨篷详图 1:10

2-2大样 1:20
(楼层标高H)

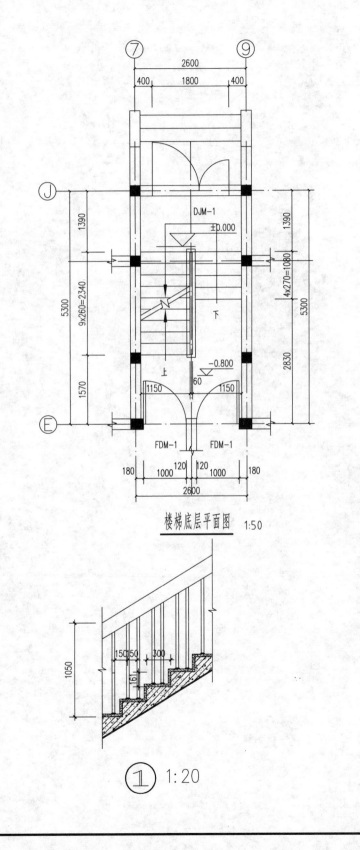

楼梯底层平面图 1:50

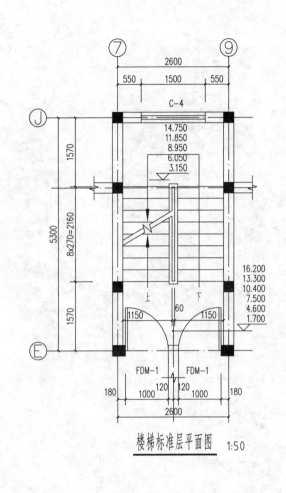

楼梯标准层平面图 1:50

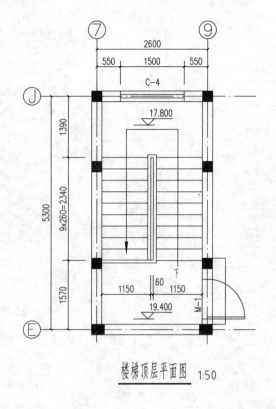

楼梯顶层平面图 1:50

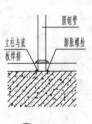

① 1:20

② 1:10

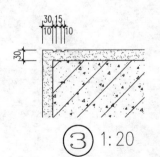

③ 1:20

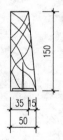

④ 1:20

电气设计施工说明

一、工程概况
1. 本工程为*****住宅楼。
2. 本工程设计范围为供配电系统，电力照明系统，有线电视，电话系统。

二、设计依据
1. 甲方委托设计任务书及上级部门批准文件，工种提供的有关资料。
2. 国家和建设部现行有关规范、规程：
《民用建筑电气设计规范（附条文说明[另册]）》（JGJ 16-2008）
《低压配电规范》（GB 50054-2011）
《供配电系统设计规范》（GB 50052-2009）
《建筑照明设计标准》（GB 50034-2004）
《住宅设计规范》（GB 50096-2011）
《综合布线系统工程设计规范》（GB 50311-2007）
《智能建筑设计标准》（GB/T 50314-2006）
《建筑物防雷设计规范》（GB 50057-2010）

三、供电电源
1. 本工程供电负荷为三级负荷。
2. 电源由甲方协调供电部门负责设计实施。

四、照明
1. 走道、楼梯间等照度为50lx。
2. 所有日光灯均带电子镇流器，照明功率密度（包括二次装修部分）应符合《建筑照明设计标准》（GB 50034-2004）的节能要求。
3. 住宅楼梯间照明选用电子整圈吸顶LED灯，采用红外光控节能延时自熄型开关控制。

五、设备安装
1. 高度以室内地坪为准。
2. 落地式配电箱、控制柜抬高0.3 m安装，住宅户内配电箱距地1.8 m安装，其他控制箱、配电箱距地1.5 m安装。
3. 灯具安装详见材料表。

六、对箱（柜）插座及控制要求
1. 所有配电箱（柜）母线均采用铜母线，其载流量不小于进线开关的1.25倍。
2. 箱（柜）内应有PE母线端子以及安装电线头的足够空间。
3. 在部分配电箱母线上安装SPD，以保护终端。卫生间插座采用防溅型，其余插座采用保护门型。

七、建筑物防雷、接地及安全
（一）防雷
1. 本建筑按三类防雷建筑设计。
2. 屋面女儿墙及钢筋混凝土构架上安装φ12镀锌圆钢作为接闪器，形成不大于20 m×20 m或24 m×16 m的网格并与柱内西南外圈两根不于φ16 mm的主筋作为通路引下线，利用结构柱内钢筋同外方筒连接，将三者与建筑物基础梁底的两根主筋通长焊接，钢扎形的基础接地网，要求纵横钢筋良好连接(在结构梁转换层引下线应与换到相应柱子，继续引下至基础接地钢筋网)。施工完后测量接地电阻，要求接地电阻不大于1Ω，所有突出屋面的金属物均应与避雷带焊接，如金属通风管、屋顶风机、金属屋架等均应与避雷带可靠焊接。
3. 防雷接地装置对所有金属构件必须防腐处理。
4. 防雷电波入侵：进出建筑物各种金属管道、电缆等均于入户处与接地装置连接，电源进线总箱及弱电进线箱内应设SPD浪涌保护器。
5. 建筑物对角的外墙引下线在距室外地面1(室外地坪)0.5 m处设测试端子板。
6. 外接地凡焊接处均应刷防腐漆。
（二）接地及安全
1. 本工程防雷接地、变压器中性点接地、电气设备的保护接地、电梯机房、消防控制室、通信计算机房等的接地共用统一接地板，要求接地电阻不大于1Ω，实测不满足要求时，增加人工接地板。
2. 等电位联结：建筑物所有设备外露可导电部分和装置外可导电部分应可靠接地，电缆桥架、金属支架、穿线钢管、电梯钢轨、水暖管道及金属设备外壳等均应接地，实施总等电位联结。
3. 垂直敷设的金属管道金属物的底端与顶端均与接地装置连接。
4. 有洗浴设备的卫生间采用局部等电位联结，从适当的地方引出两根大于φ16 mm结构钢筋至局部等电位箱LEB板，LEB安装，底边距地0.3 m，卫生间内各种金属管道及金属构件均应与LEB板可靠连通。具体做法详见《等电位联结安装》（02D501-2）。
5. 配电系统、保护接地、弱电系统接地等共用防雷基础接地装置。
接地干线与柱内预留的接地连接钢板(100 mm×100 mm×8 mm)相焊接。利用柱内二主筋作接地引下线，通长焊接，并与连接钢板及基础接地钢筋形成电气通路，临时接地连接柱干线底地板距地300 mm安装。
6. 过电压保护：本建筑按B级防雷建筑设防。在低压主进线上，屋面配电箱内装一级浪涌保护器(SPD)，弱电机房内装二、三级保护器，在各总配电箱内装二级或三级保护器。
7. 插座回路除挂壁式空调插座回路外，均带30 mA漏电保护，所有灯具均采用I型做接地保护。

八、电话系统
1. 本工程设电话系统，每户按2村电话进线设计。本工程机房由电信部门设计，本设计仅负责总配线架以下的配线设计。
2. 市政电话外线由电信部门采用电缆直埋方式引至弱电机房，电话采用三类大对数电缆引至弱电机箱。
3. 机房内设有光缆终端盒、光电转换器、集线器(HUB)等端子接管，最后从此箱采用六类线穿管引至各用户弱电箱。
4. 每户设多功能配电箱(综合箱)一个，内设个数据TD、电话TP、电视TV的功能转接模块，可讲或可视对讲转接终端子，还可选配计算机网络集线器(HUB)。箱体安装于墙上底边距地0.3 m处，户内电话、插座端箱上底边距地0.3 m安装。

九、有线电视系统
1. 有线电视信号由市有线电视网引来，有线电视机柜设置位置由相应系统运营商确定，系统进线穿管引入弱电机房，用户户内线路由用户二次装修设计完成。
2. 干线电缆选用SYV-75-7型，穿PVC25管沿墙直敷；支线电缆选用SYV-75-5型，穿PVC20管沿楼板或墙暗敷，再由设备箱接至各用户，用户电平信号达到有线电视的要求。
3. 用户插座箱体暗装，中心距地0.3 m，设备箱竖井内明装，底边距地1.8 m。
4. 终端电平信号为(64±4) dB。本设计电平信号考虑多功能的衰减。

十、户用弱电
1. 户用弱电箱采用弱电系统的多媒体智能集成配线箱，采用暗装形式，模块化结构。根据本工程项目的特点，弱电箱可安装有线电视、电话接线模块等。
2. 户用弱电箱底距0.3 m嵌装安装于住户入口处，预留洞尺寸为320 mm×240 mm×120 mm，具体位置详见平面图。

十一、施工补充要求
1. 当引入电源采用TN系统时，从建筑物总配电盘（箱）开始引出的配电线路和分支线路必须采用并实施等电位联结。
2. 在建筑物内应作下列等电位作总等电位联结：
（1）PE干线，进户PEN线；
（2）电气装置接地的接地干线；
（3）建筑物内的水管、煤气管、采暖等空调管等金属管道；
（4）条件许可时建筑物的构件、导电物等，等电位联结中金属管道连接处应可靠地连通导电。总等电位联结的施工参见国标《等电位联结安装》(02D501-2)第11~14页，局部及辅助等电位连接的施工参见该图集第16~22页和第38~47页，等电位连接端子做法参见该图集第33页。
3. 接地(PE)支线必须单独与接地(PE)干线连接，不得串接连接。
4. 金属电缆桥架及其支架与引出的金属电缆管等均与接地干线(PE)连接，且必须符合下列规定：
（1）金属电缆桥架及其直线全长应不少于两处与接地(PE)干线相连接；
（2）非镀锌电缆桥架同直接接地网端构接加装接地线，接地线最小允许截面积不小于4.0 mm²；
（3）镀锌电缆桥架间连接板的两端不跨接接地线，但连接板两端不少于两个有防松螺帽或防松垫圈的连接固定螺栓。
5. 电机机、电加热器等电动机电加热机械的金属外壳必须接地(PE)。
6. 不间断电源输出端的中性线(N)线，必须由接地装置直接引来接地与N线相连接，做重复接地。
7. 接地子的底座、套管的法兰盘、保护(网)及导线支架等可接连在接线体的(PE)线，不应作为接地(PE)线的接线体。
8. 电梯安装的电气设备接地应符合下列规定：
（1）所有电气设备及外露可导电部分必须可靠接地(PE)；
（2）接地支线必须分别直接接至接地干线接线柱上，不得相互连接再接地；
（3）测试接地装置的接地电阻值必须符合设计要求，接地电阻的定义及检测按国家标准执行。
9. 测试接地装置的接地电阻值必须符合设计要求，接地电阻的定义及检测按国家标准执行。

十二、其他
1. 凡与施工有关而又未说明之处，请按国家规范及标准图集施工，或与设计院协商解决。

2. 本工程所选设备、材料，必须具有国家级检测中心的合格证书，必须满足与产品相关的国家标准与质量认证，供电产品、消防产品应具有入网许可证。
3. 所选设备型号仅供参考，招标所确定的设备规格、性能等技术指标，不应低于设计图纸的要求。
4. 所有设备确定厂家后需甲建、施工、设计、监理四方进行技术交底。
5. 施工单位必须按照设计图纸和施工技术标准施工，不得擅自修改工程设计，施工单位在施工过程中发现设计文件和图纸有错误的，应当及时提出意见和建议。
6. 风机、水泵控制柜二次原理图请按有关国家标准图集选用并制作。

十三、有关国家标准图集目录
《建筑电气工程设计常用图形和文字符号》（09DX001）
《等电位联结安装》（02D501-2）
《利用建筑物金属体防雷接地装置安装》（03D501-3）
《接地装置安装》（03D501-4）
《常用低压配电设备及灯具安装（2004年合订本）》（D702-1~3）
《室内管线安装（2004年合订本）》（D301-1~3）
《电缆敷设（2002年合订本）》（D101-1~7）
《电缆桥架》（04D701-3）
《电气竖井设备安装》（04D701-1）
《封闭式母线及桥架安装（2004年合订本）》（D701-1~3）
《火灾报警与消防联控》（04X501）
《智能建筑弱电工程设计与施工[上册]》（97X700(上)）
《智能建筑弱电工程设计与施工[下册]》（97X700(下)）

图例	名称	型号及规格	单位	备注
▬	电力箱		台	安装距地1.5 m
▭	弱电综合箱	内含TVA和TPA	台	安装距地1.5 m
	户内照明配电箱		台	距地1.8 m
	户内弱电箱		台	距地0.5 m
○	普通吸顶灯	1×18 W节能灯	个	吸顶安装
⊗	防水防尘灯	220 V 11 W节能灯	个	吸顶安装
	二、三插座(安全型)	250 V 10 A	个	距地0.3 m
	单联跷板开关	250 V 10 A	个	
	防水防尘开关	250 V 10 A	个	距地1.5 m
	钢管	SC50、SC25	m	
	钢管	KBG25、KBG20、KBG16	m	
	PVC管	PVC20、PVC16	m	
LEB	局部等电位 LEB板			距地0.3 m
	钢管	KBG25、KBG20、KBG16	m	
	塑料管	PVC25/20/16	m	
⌂	一位RJ11型电话插座		个	0.3 m
TV	一位TV插座		个	客厅安装高为0.8 m

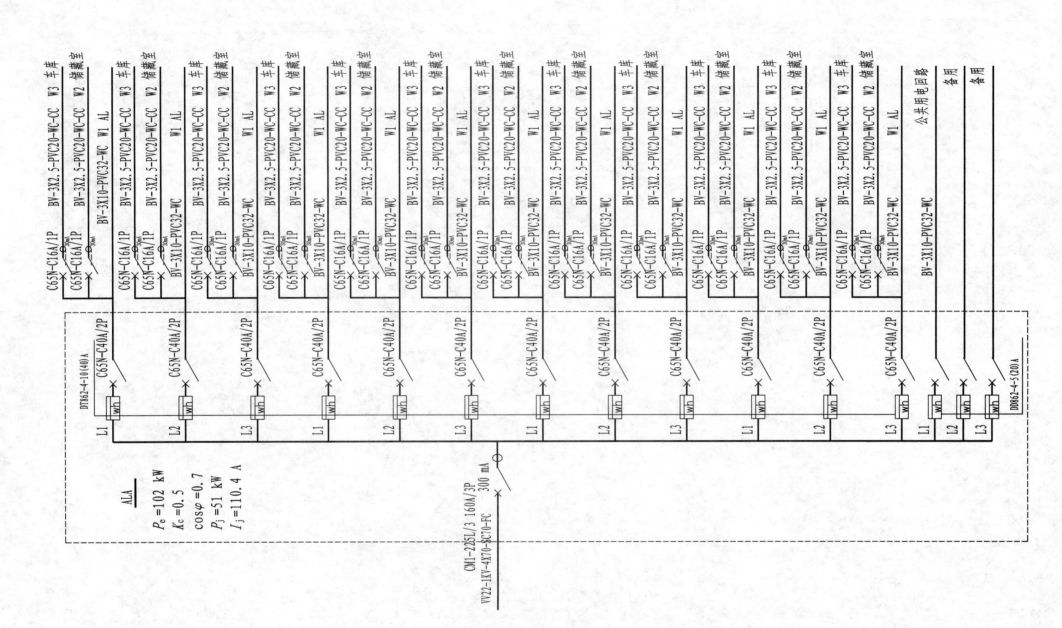

配电系统图

电气设计施工图

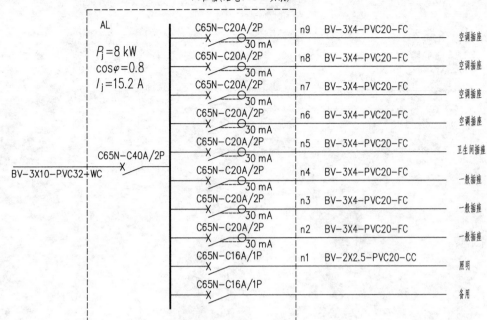

用户配电系统图

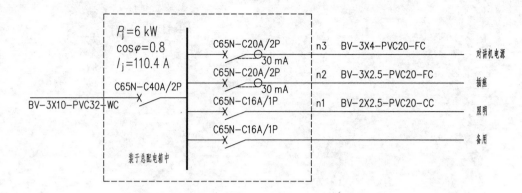

公共用电配电系统图

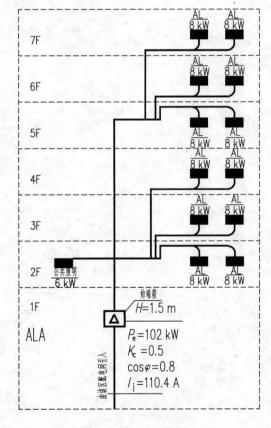

竖向配电系统图

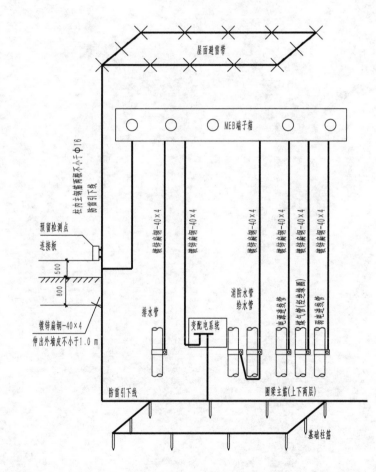

屋面防雷及等电位联结示意图

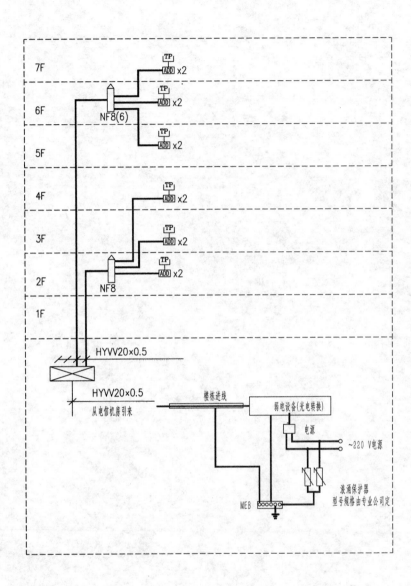

电话系统图

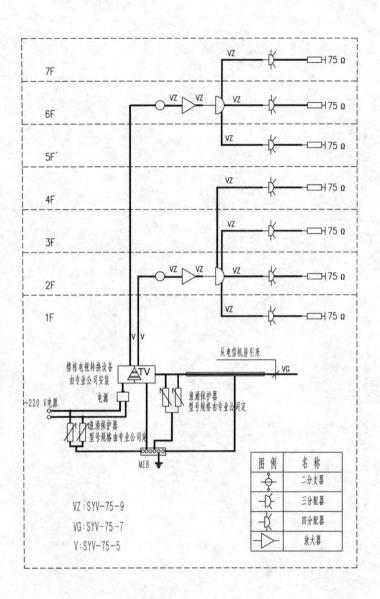

电视系统图

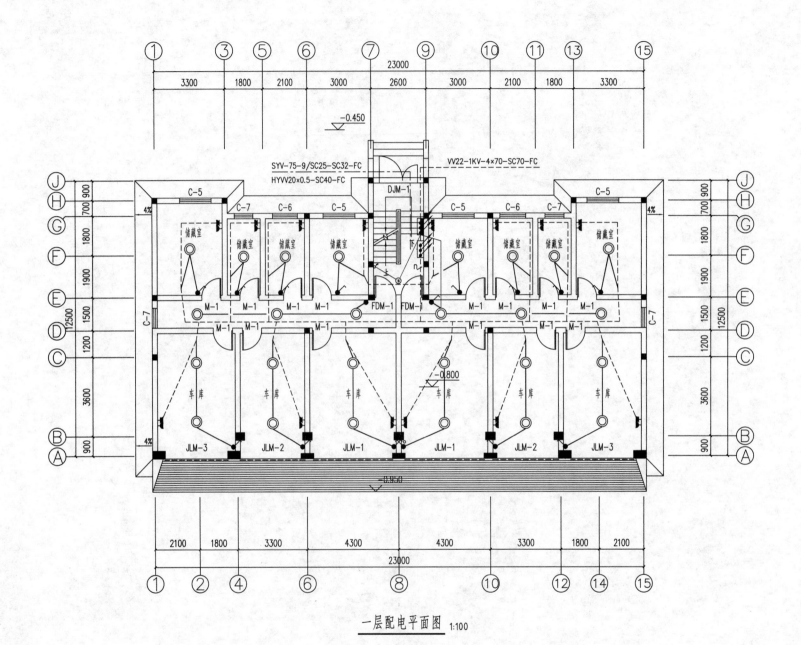

一层配电平面图 1:100

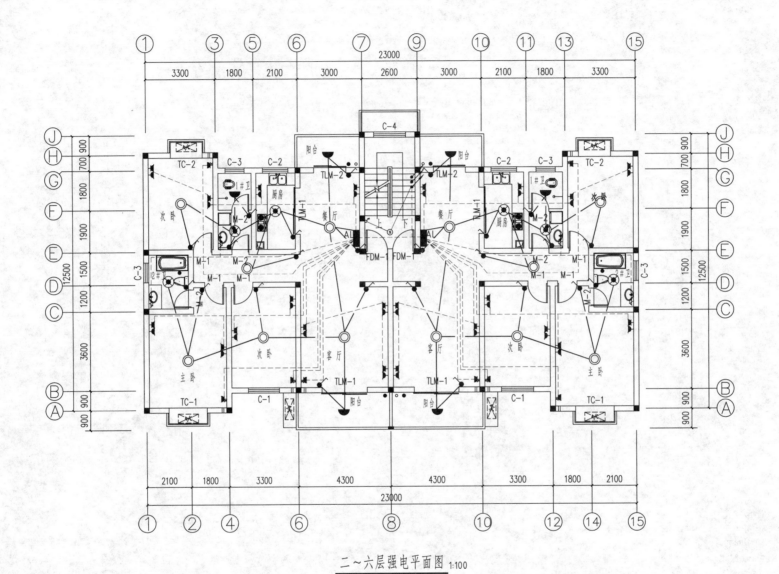

二~六层强电平面图 1:100

电气设计施工图

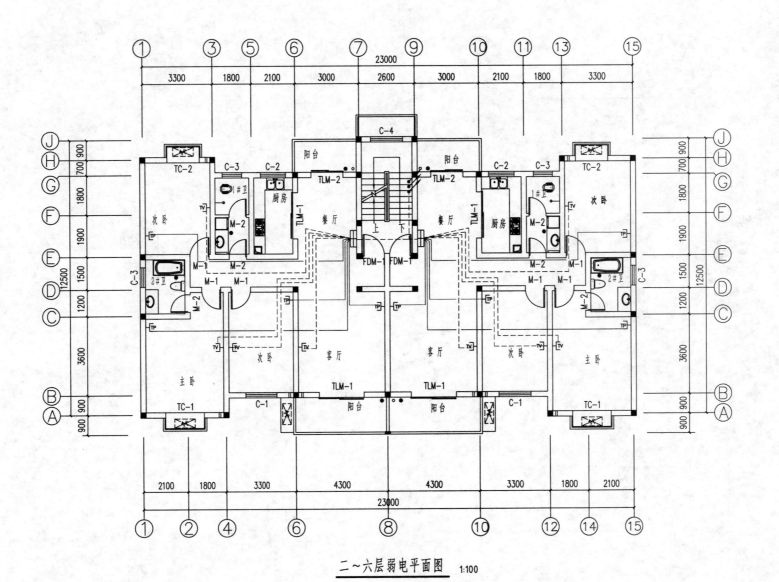

二~六层弱电平面图 1:100

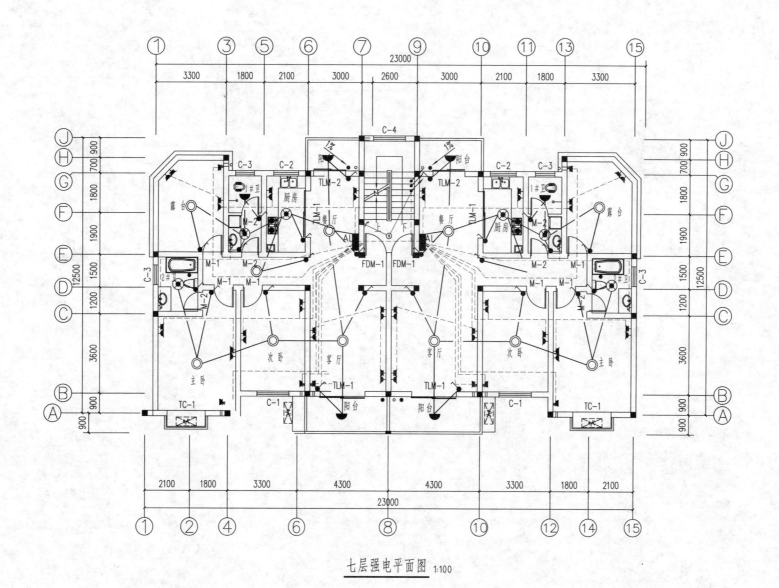

七层强电平面图 1:100

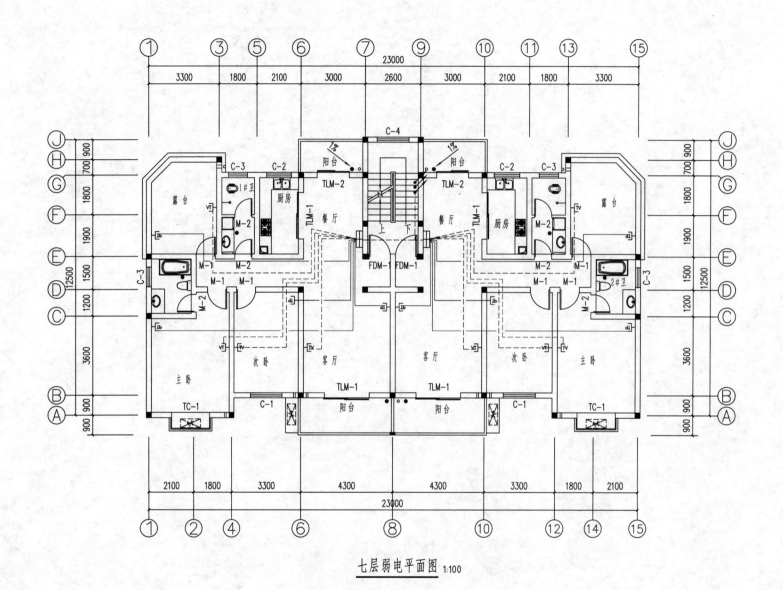

七层弱电平面图 1:100

给排水设计施工图

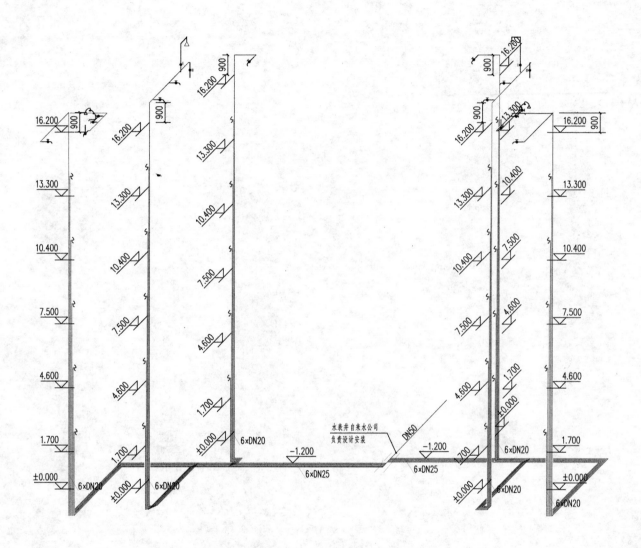

给水系统图 1:100

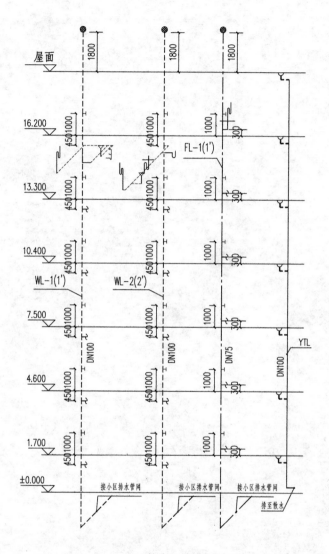

排水系统图 1:100

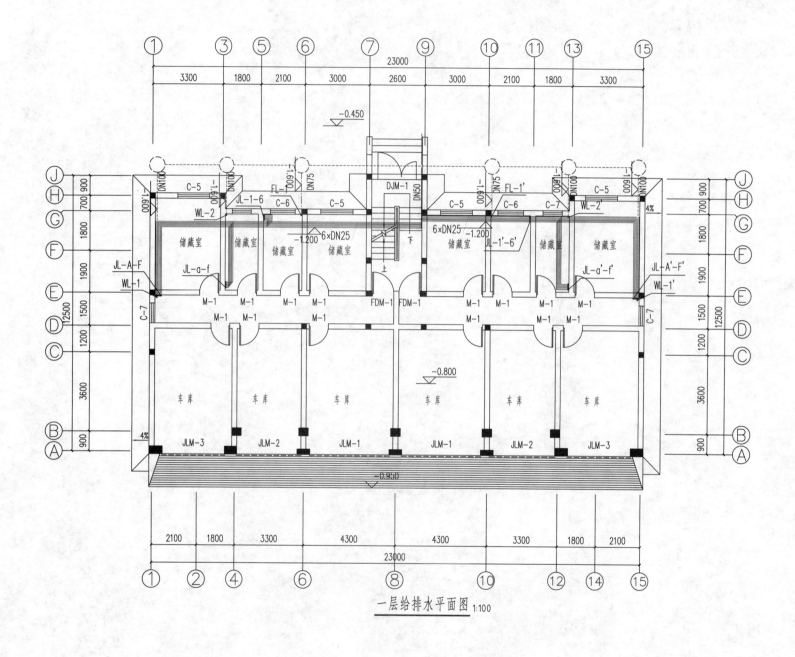

一层给排水平面图 1:100

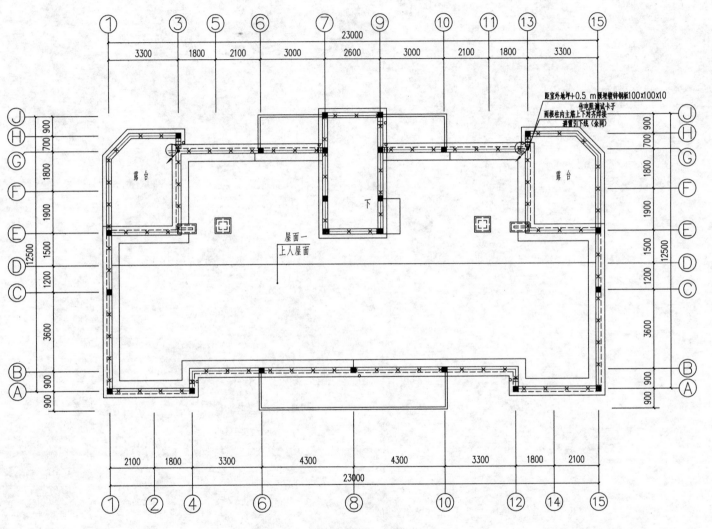

屋顶防雷接地平面图 1:100

给排水设计施工说明

一、设计依据

1. 建筑概况：本工程为××××住宅楼。
2. 相关专业提供的工程设计资料。
3. 各市政主管部门对方案设计的审批意见。
4. 甲方提供的设计任务书及设计要求。
5. 中华人民共和国现行主要标准规范：
   - 《建筑设计防火规范》(GB 50016-2006)
   - 《建筑给水排水设计规范》(GB 50015-2003(2009年版))
   - 《全国民用建筑工程设计技术措施-结构(混凝土结构)》(2009JSCS-2-3)
6. 设计范围
   本设计范围包括红线以内的给水、排水、消防等管道系统。

二、管道系统

本工程设有生活给水系统、生活排水系统、雨水排水系统(包括空调冷凝水系统)、消火栓系统。

(一) 生活给水系统

1. 水源：供水水源为城市自来水，水压为 0.30 MPa。
2. 用水量标准为每人 250 L/d，日用水量为 210 T/d。
3. 住宅每单元集中设置水表井，住宅水表选用 DN25 旋翼式水表。

(二) 生活排水系统

本工程污水排至室外化粪池，室外雨污分流。

(三) 雨水系统

1. 屋面雨水斗采用钢制 87 型雨水斗。
2. 阳台雨水及屋面雨水单独排放，室内空调冷凝水单独设置立管收集。

三、卫生洁具

1. 卫生洁具选型由甲方自定，甲方应在本工程设计前咨询确定产品。
2. 所有卫生洁具均配置建筑节水型五金配件。
3. 卫生设备的支管安装按照《卫生设备安装》(09S304)设计，施工中应核对实际定货卫生洁具尺寸。

四、管材及接口

1. 生活给水管：室内除户进户管采用聚丙烯塑料管(PP-R)热熔连接外，其余给水管采用钢塑复合管，丝扣连接，室外给水管径不大于 100 mm，采用钢塑复合管，丝扣连接，室外给水管径大于 100 mm，采用 PE 复合管。
2. 消防管、喷淋管管径不小于 100 mm，采用内外壁热镀锌钢管，沟槽式连接，消防管、喷淋管管径小于 100 mm，采用外壁热镀锌钢管，丝扣连接。
3. 排水管
   (1) 单体排水管采用硬聚氯乙烯排水塑料管，排水单立管(高层住宅厨房排水)采用 UPVC 排水螺旋管，立管转换为水平管后，水平管及水平管后面的水管均采用柔性接口机制排水铸铁管。
   (2) 室外雨水管采用 PN1.0 MPa 排水 UPVC 承压塑料管。
   (3) 集水坑排水管采用镀锌钢管。
   (4) 雨水斗采用钢制 87 型雨水斗。

五、管道敷设

1. 管道标高除图中注明外，给水管(包括其他压力管)指管内中心，排水管指管内底。
2. 管道穿钢筋混凝土池壁、池底或穿地下室、地下防外壁时应配合土建预埋防水套管，图中所示防水套管管径均表示穿过管道的公称直径，防水套管制作详图见《防水套管》(02S404)，给水管道穿钢筋大梁及剪力墙处应预埋比其管径大两级的钢套管，标高详见流程图，给水管穿屋面时处预埋相应规格的钢性防水套管。
3. 安装在楼板内的套管顶应高出装饰面 20 mm；安装在卫生间及厨房内的套管，其顶部应高出装饰面 50 mm，底部应与楼板底平，安装在卫生间以外墙壁内的套管其两端与墙面平，墙面光滑；管道的接口不应设在套管内。暗墙暗敷槽寸寸的宽度宜为 DN+50 mm，深度宜为 DN+30 mm。
4. 高层建筑内管径不小于 110 mm 的明敷排水立管以及穿越管井楼管道设图火圈和防火套管。
5. 管道坡度：各种管道除图中注明外，均按下列坡度安装。

管径/mm	50	75	100	150	200
生活排水管标准坡度	0.035	0.025	0.020	0.010	0.008
生活排水管最小坡度	0.025	0.015	0.012	0.007	0.005

六、管道支架

管道支架或管卡应固定在梁中侧面，板下或承重结构上，钢管支架宜采用铜合金制口。当采用钢支架时，管道与支架间应设软隔垫，钢塑管的固定支架宜设在变径、分支、接口或承重连接楼板的两侧，管束的托吊尽量采用独立管卡，少用角钢架焊托吊，管束密集处应配合土建在梁中或板下预埋埋件，钢塑下托吊管的固定采用专业的钢束管卡或喉箍，离心柔性接口铸铁排水采用不锈钢卡箍，支架应安装在管接头附近，在应在管接头压紧后安装支架。

(1) 钢管水平安装支架间距，不得大于下面的数据。

公称管径/mm	15	20	25	32	40	50	70	80	100	150
保温管间距/m	2.0	2.5	2.5	2.5	3.0	3.0	4.0	4.0	4.5	6.0
不保温管间距/m	2.5	3.5	4.0	4.5	5.0	6.0	6.0	6.0	6.5	8.0

立管每层须装一个管卡(层高于 5 m 时，每层装两个)，安装高度距地面 1.8~1.5 m。

(2) 衬塑钢管最大支撑间距如下所示。

公称管径/mm	15~50	65~100	125~200
间距/m	2.0	3.5	4.2

立管管卡同钢管的要求，横管的任何两个接头之间应有支架，但不得支撑在接头上，宜靠近接头。

(3) 各种立管底部应有牢固的固定措施。

7. 排水立管底部的弯管处应采用牢固的固定，立管与排出管的连接采用两个 45° 弯头，平面三通采用 45° 斜三通或顺水 90° 顺三通。

8. 排水立管上设置检查口，应比本楼地面以上 1.0 m，并高于该层卫生洁具上边缘 0.15 m，室内消火栓栓口距地面或楼板面 1.10 m。

六、管道试压

1. 给水系统试压：
   (1) 给水加压泵出口系统最高点的立管试验压力为 1.6 MPa，保持 1 h 不渗为合格。其余部分的管道试验压力为 1.0 MPa。
   (2) 观察接头处无有渗漏现象，10 min 内压力降不得超过 0.02 MPa，水压试验步骤按《建筑给水排水及采暖工程质量验收规范》(GB 50242-2002)进行。

2. 排水管注水高度为一层楼高，30 min 后液面不下降为合格，隐蔽或埋地的排水管道在隐蔽前必须做灌水试验，其灌水高度不低于底层卫生洁具的上边楼板底面高度，满水 15 min，水面下降后再满水 5 min，液面不下降，管道及接口无渗漏为合格。
3. 室内雨水管注水至最上部雨水斗，1 h 后液面不下降为合格。
4. 消防管道试压：消火栓管道的试验压力为 1.6 MPa，试验压力保持 2 h 无明显渗漏为合格。
5. 水压试验的试验压力为系统试验部分的最低部位。

七、防反油漆

1. 在涂刷底漆前，应清除表面的灰尘、污垢、铸皮、焊渣等物，涂刷油漆厚度均匀，不得有漏度、起泡、流淌和漏涂观象。
2. 不保温管道油漆：
   (1) 消火栓管刷防锈漆两遍，再刷红色调合漆两遍。
   (2) 排水铸铁管刷防锈漆两遍，明装部分再刷与墙面一致的调合漆两遍。
3. 金属管道支架除锈后刷防锈丹两遍，灰色调合漆两遍。

八、管道冲洗

1. 给水管道在系统运行前，必须用水冲洗管道，要求以系统最大设计流量或不小于 1.5 m/s 流速进行冲洗，直到出水口的色度和透明度与进水口的一致为合格，并经卫生部门现场检验符合现行的国家标准《生活饮用水卫生标准》(GB 5749-2006)后，方可使用。
2. 雨水管和排水管冲洗以管道通畅为合格。
3. 消防管道的冲洗：
   (1) 室内消火栓系统和自动喷水系统在与室外管道连接前，必须将室外管道冲洗干净，其冲洗强度应达到消防时的最大设计流量。
   (2) 室内消火栓系统在交付使用前，必须冲洗干净，其冲洗强度应达到消防时的最大设计流量。

九、其他

1. 图中所注尺寸除管长、标高以 m 计外，其余均以 mm 计。
2. 本说明和设计图纸具有同等效力，两者均应遵照执行，若两者有矛盾时，甲方及施工单位应及时提出，并以设计单位解释为准。
3. 施工承包商应与其他专业承包商密切配合，合理安排施工进度和器材、管道的设置位置，避免维修和返工。
4. 施工前应量测定卫生洁具尺寸，以便洁具及排水口予板预留定位。
5. 设备土材表仅供参考，本说明所采用材料、设备及元器件的型号仅供参考，业主可另选择符合国家标准的同规格、同性能的其他型号材料及设备。
6. 暗敷管道施工完成后，应在墙面和地坪面标注位置，防止二次装修损害铺敷管道。
7. 室外管道视现场情况另行调整，本图所画面仅供参考。
8. 未尽事宜按国家现行有关施工验收规范执行。

PVC-U 排水管塑料管径与公称直径对照关系

塑料管径(D_e)/mm	50	75	110	125	160
公称直径(D_N)/mm	50	75	110	125	150

十、选用标准图纸目录

- 《室内管道支架及吊架》(03S402)
- 《混凝土排水管基础及接口》(04S516)
- 《室内消火栓安装》(04S202)
- 《给水塑料管安装》(02S405-1~4)
- 《雨水斗选用及安装》(09S302)
- 《砌筑化粪池》(02S701)
- 《建筑给水用聚乙烯内螺旋消音管道工程技术规程(附条文说明)》(CECS 94-2002)
- 《建筑灭火器配置设计规范》(GB 50140-2005)
- 《卫生设备安装》(09S304)
- 《消防水系统器具安装》(99S203)
- 《室内消火栓安装》(01S201)
- 《常用小型仪表及转阀门选用图集》(01SS105)

图例

名称	图例	名称	图例
给水管	——	清扫口	
排水管	-----	法兰闸阀	
空调水排水管	—·—·—	截止阀	
消防管	— — —	洗脸盆	
喷淋管		淋浴器	
法兰止回		水表	
浴盆		蹲便器	
水龙头		存水弯	
圆形地漏		通气帽	
坐便器		淋浴柜	
洗衣机		水池	

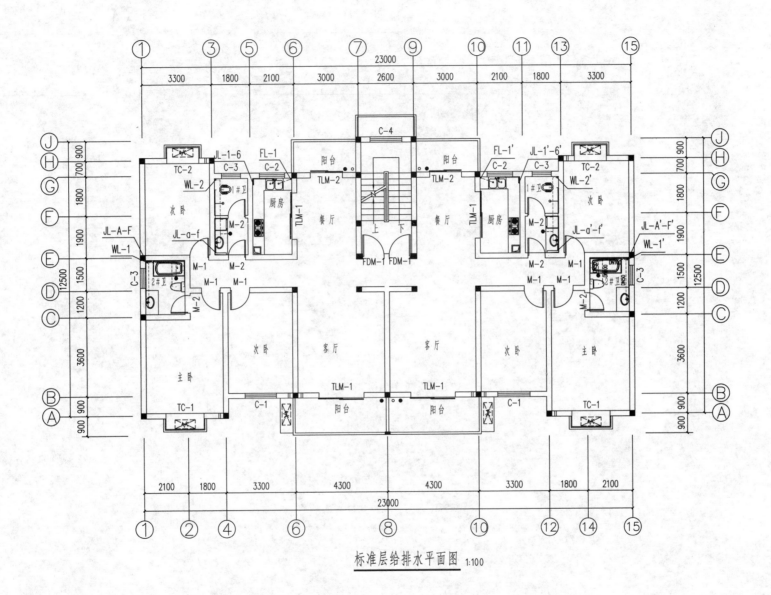

结构设计施工说明

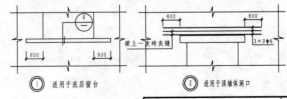

① 适用于底层窗台
② 适用于顶墙体洞口
③ 适用于顶挑梁末端

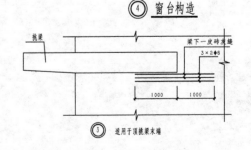

④ 窗台构造

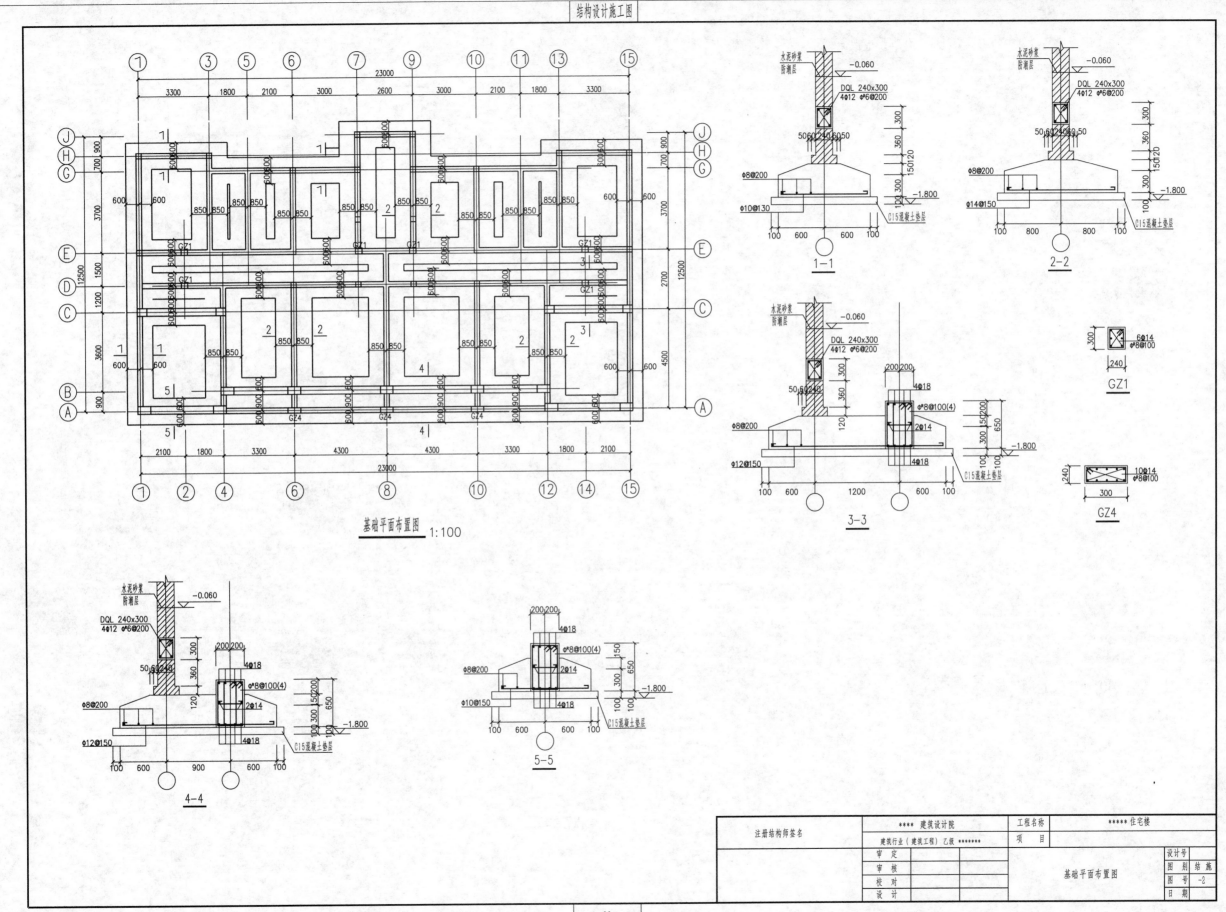

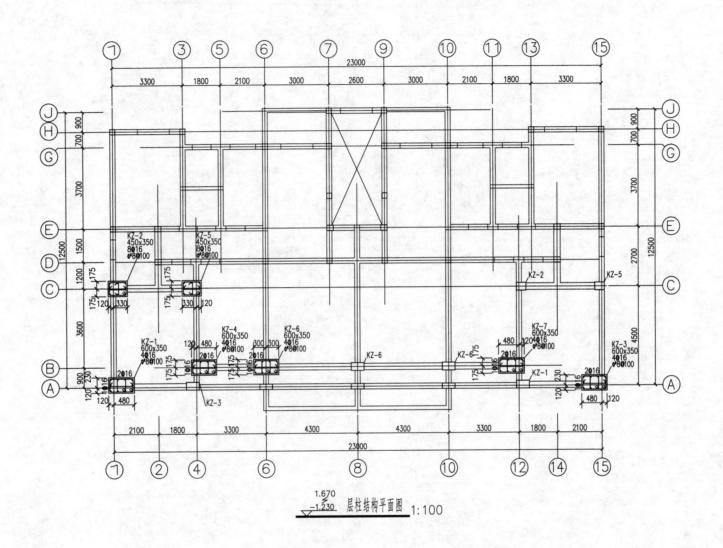

结构设计施工图

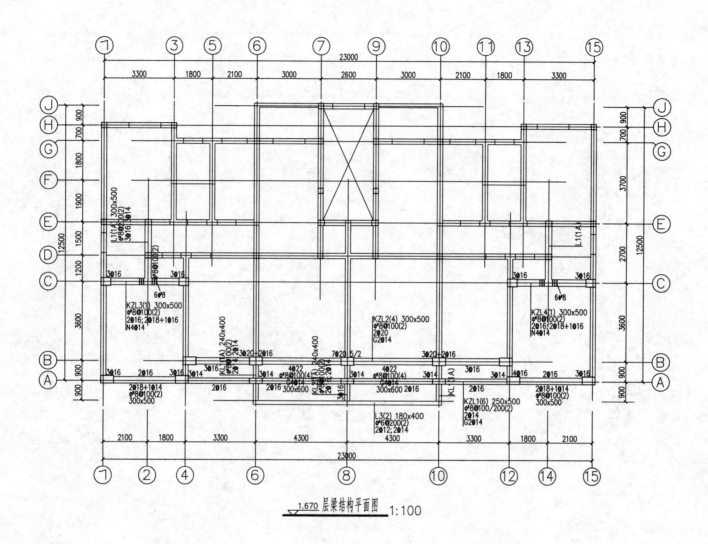

1.670 层梁结构平面图 1:100

结构设计施工图

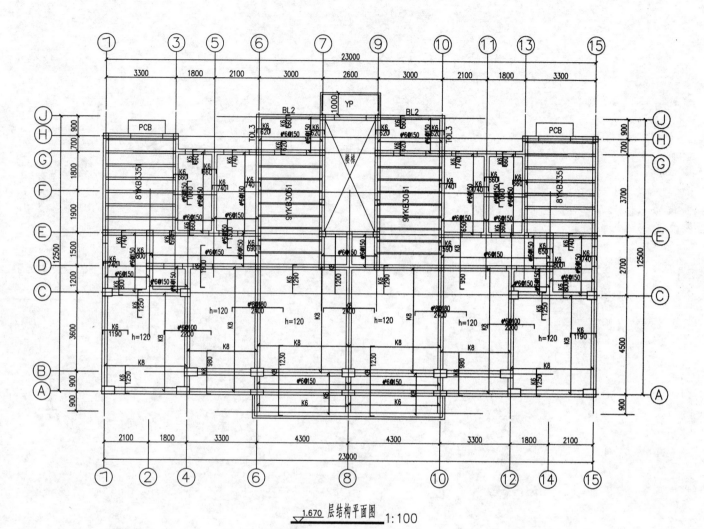

±1.670 层结构平面图 1:100

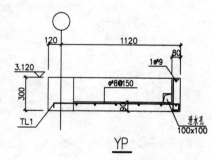

YP

说明：
1. 预制板(YKB*)按中南建筑标准图集03ZG406 (CLB650级) 执行，YKB*实际长度为轴线长度-20 mm。
2. 为防止板缝开裂，预制板底最小缝宽不应小于30 mm，缝内用C30细石混凝土捣实。
3. 当板缝宽度大于40 mm时，缝内应配中8@100构造钢筋。
4. 当门窗洞口上预加过梁时，过梁按中南建筑标准图集03EG313执行。
5. M-1上加过梁GL09241，M-2上加过梁GL08241，FDM-1上加过梁GL10241，TLM-1上加过梁GL21241，TLM-2上加过梁GL151241。
6. 厨房地面低于室内地面30 mm，室内公用卫生间采用同层排水结构板面，低于室内地面400 mm。
7. 当门窗洞口圈梁代替过梁时，详见圈梁大样。
8. 未注明板厚均为80 mm，K6表示中6@200，K8表示中8@200，K10表示中10@200。
9. 结构设计施工图中h是指楼层的结构板面标高。

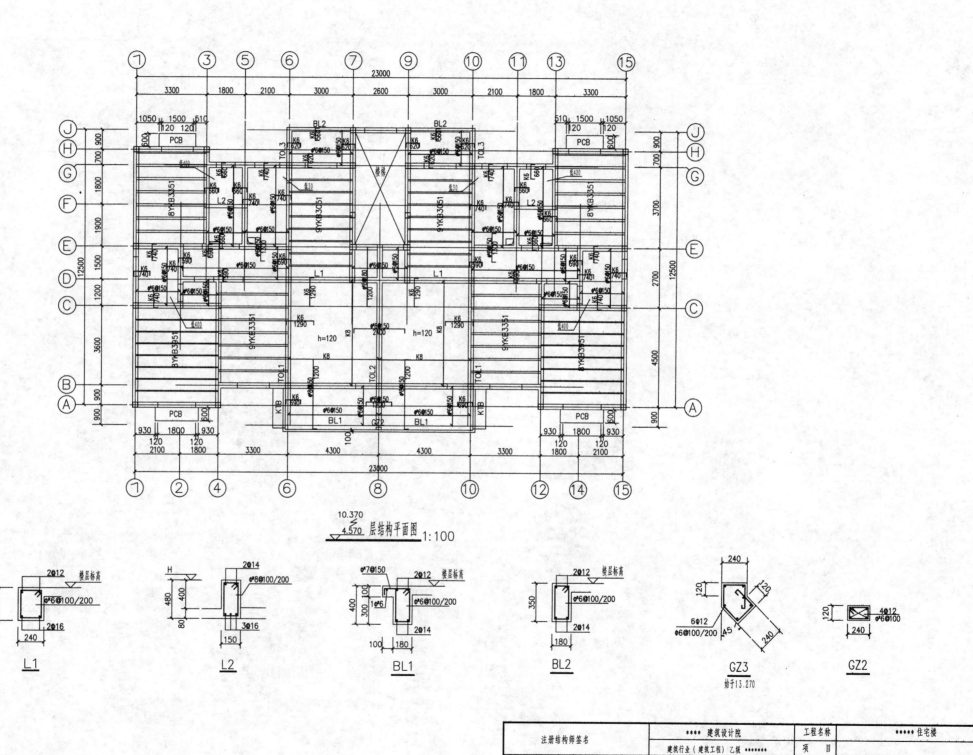

结构设计施工图

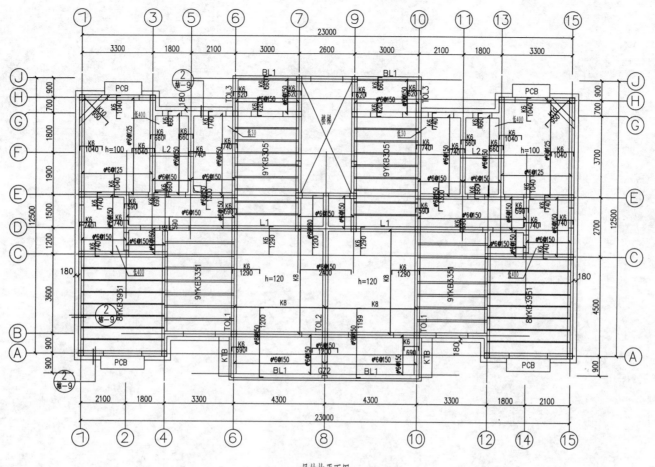

13.270 层结构平面图 1:100

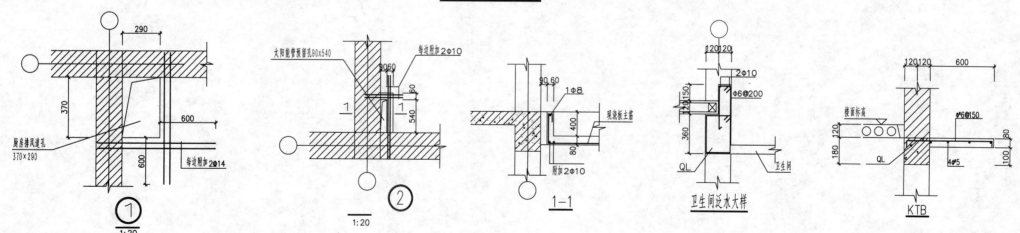

结构设计施工图

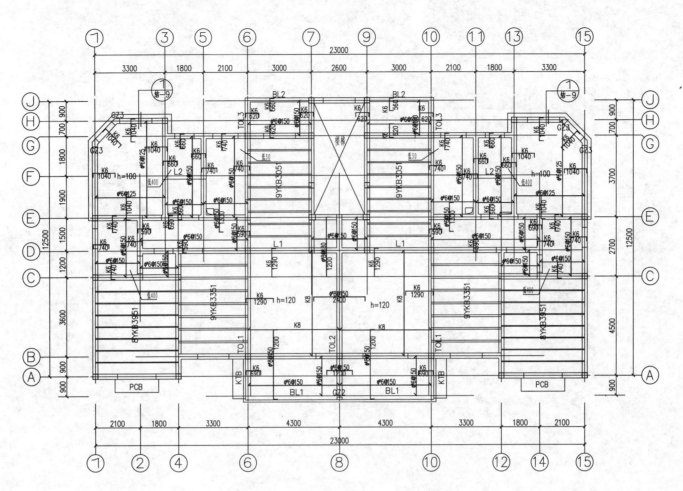

16.170 层结构平面图 1:100

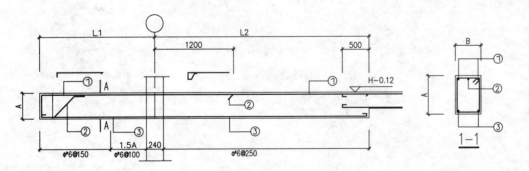

TOL*
(H为楼层结构标高)

挑梁编号	断面尺寸 (AxB)	挑出长度 L1	压墙长度 L2	钢筋 ①	②	③
TOL1	400×240	1920	2900	2Φ18	1Φ16	2Φ12
TOL2	400×240	1920	2900	2Φ22	1Φ18	2Φ12
TOL3	350×240	1620	2600	2Φ16	1Φ16	2Φ12

16.170 层结构平面图

— 35 —

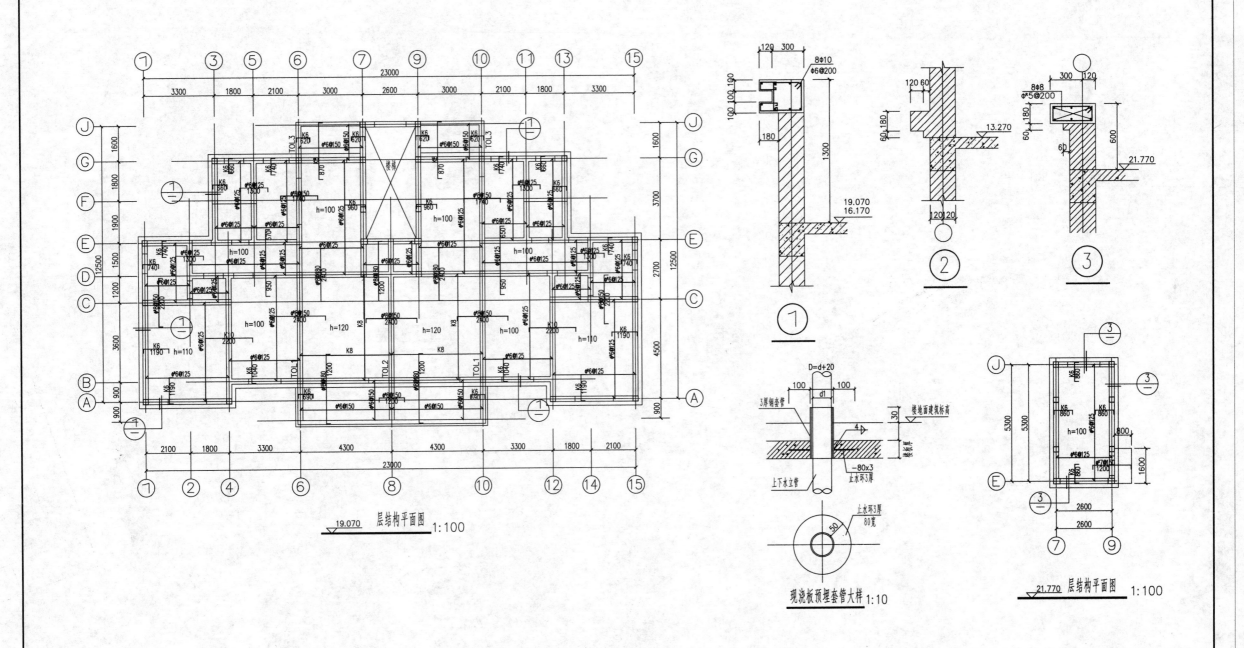

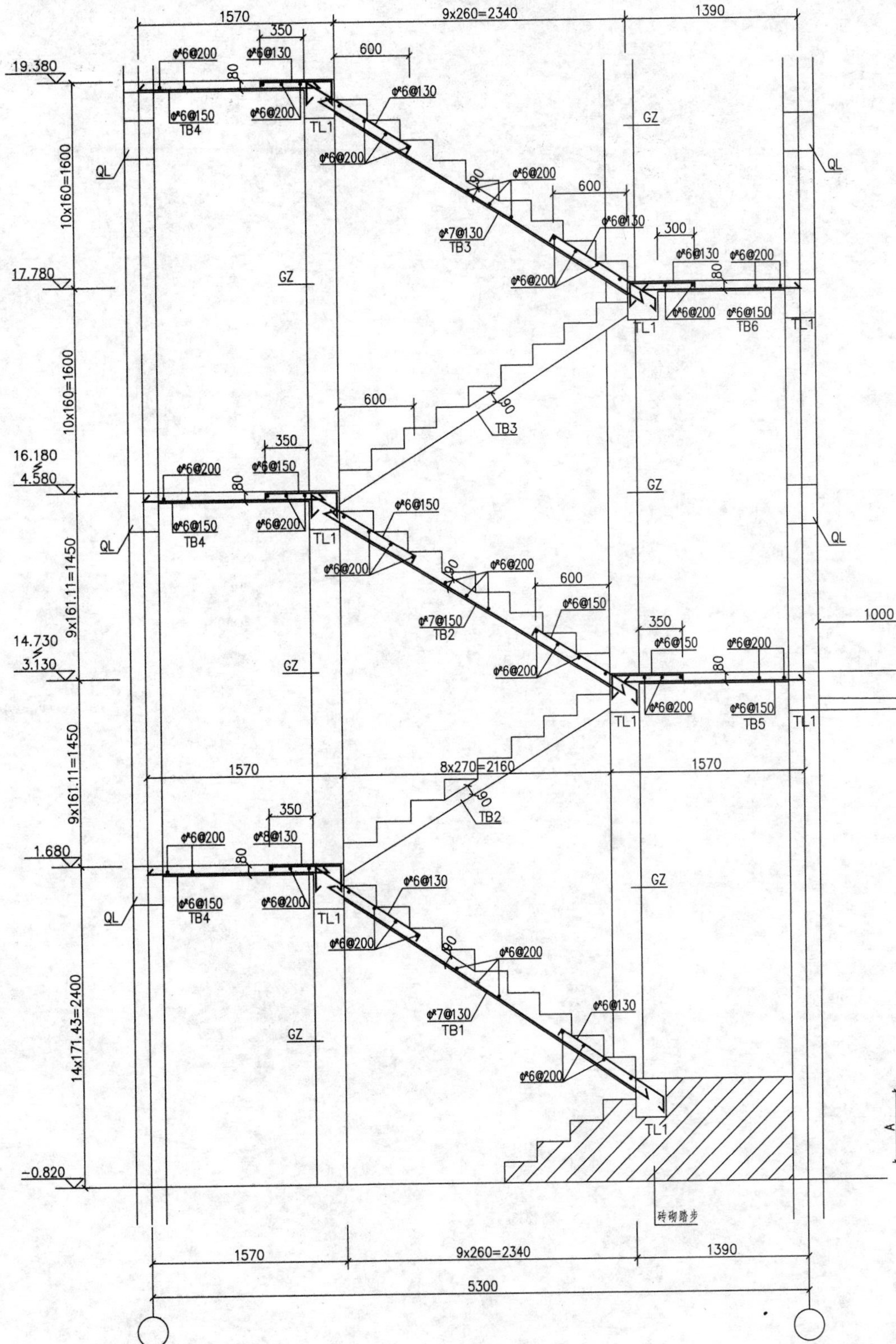

楼梯结构配筋图 1:30

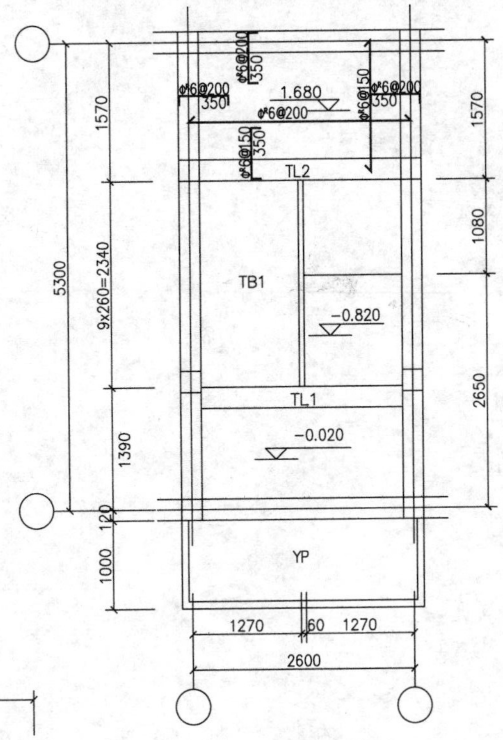

楼梯结构平面图1 1:50

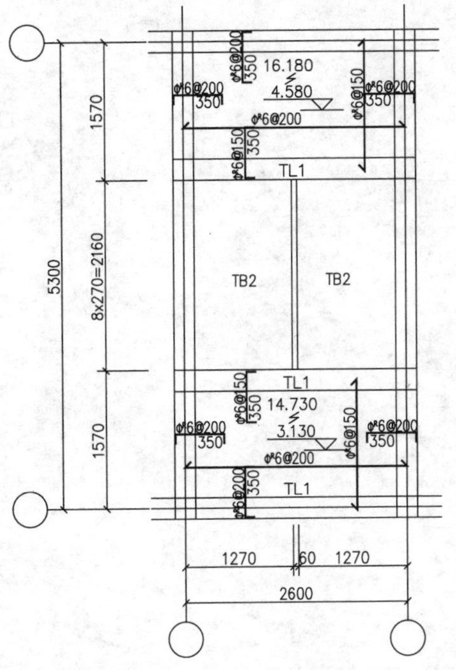

楼梯结构平面图2 1:50

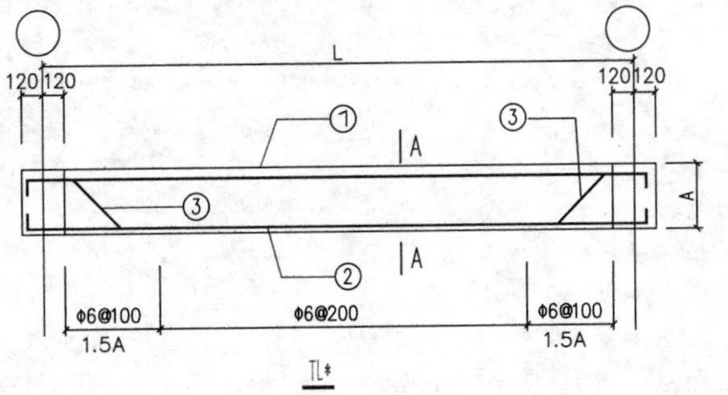

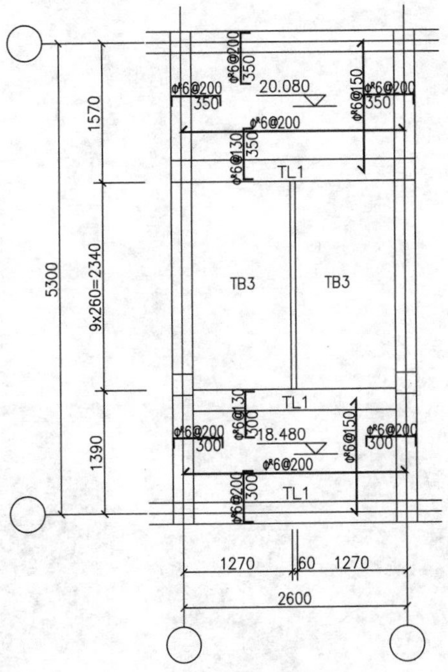

TL*

A—A

编号	跨度L	断面A×B	①	②	③
TL1	2600	300x240	2φ14	2φ16	1φ16

楼梯结构平面图3 1:50

注册结构师签名	**** 建筑设计院		工程名称	***** 住宅楼
	建筑行业（建筑工程）乙级 *******		项 目	
	审 定		楼梯结构配筋图 楼梯结构平面图1 楼梯结构平面图2 楼梯结构平面图3	设计号
	审 核			图 别 结 施
	校 对			图 号 -10
	设 计			日 期

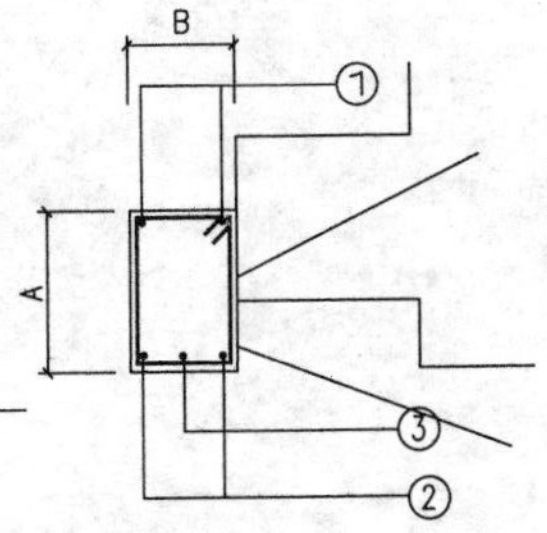

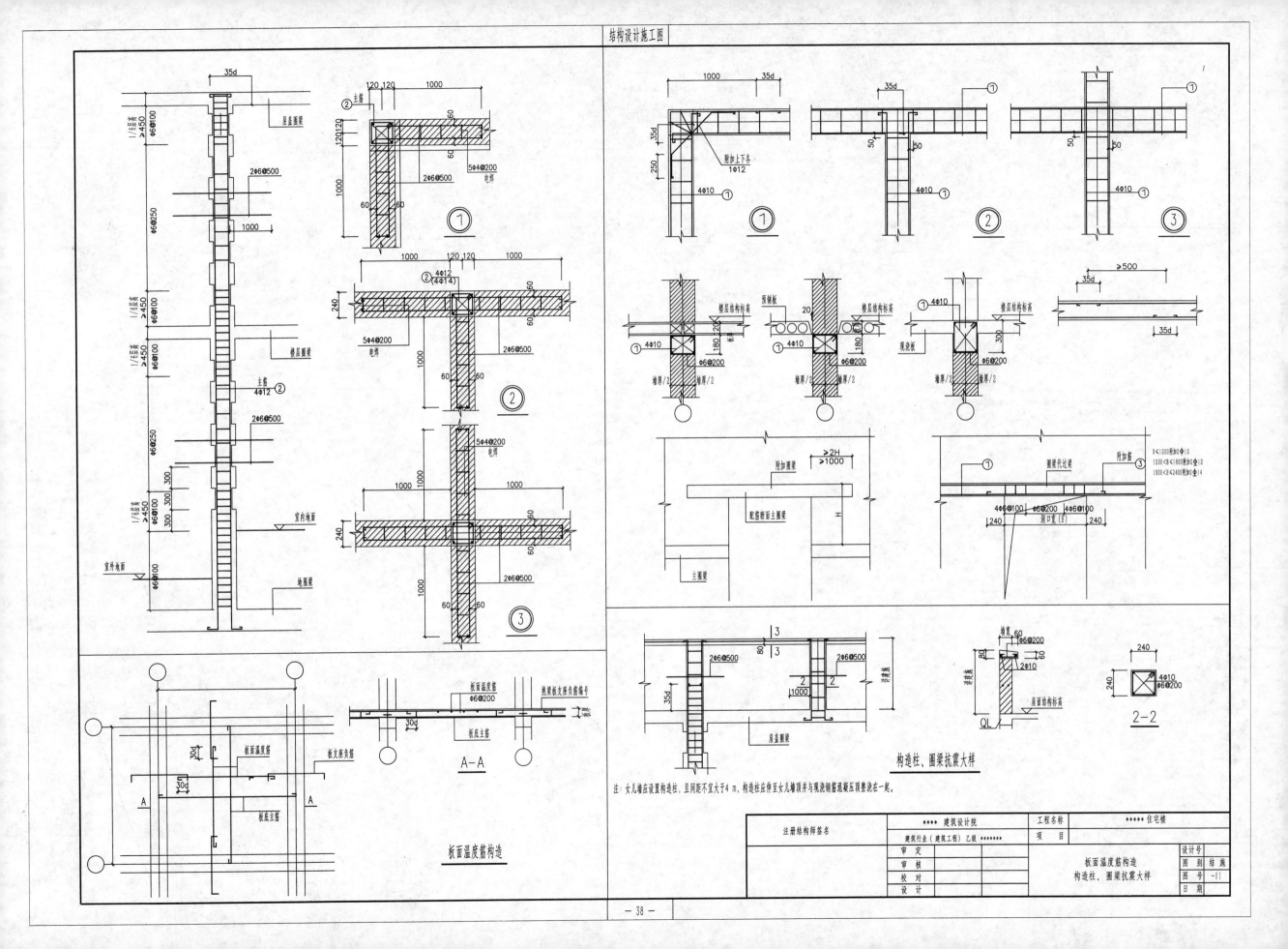